Vazrik Bazil

Impression Management

Vazrik Bazil

Impression Management

Sprachliche Strategien für Reden und Vorträge

GABLER

Bibliografische Information Der Deutschen Bibliothek
Die Deutsche Bibliothek verzeichnet diese Publikation in der Deutschen Nationalbibliografie;
detaillierte bibliografische Daten sind im Internet über <http://dnb.ddb.de> abrufbar.

1. Auflage Mai 2005

Alle Rechte vorbehalten
© Betriebswirtschaftlicher Verlag Dr. Th. Gabler/GWV Fachverlage GmbH, Wiesbaden 2005

Lektorat: Maria Akhavan-Hezavei

Der Gabler Verlag ist ein Unternehmen von Springer Science+Business Media.
www.gabler.de

Umschlaggestaltung: Nina Faber de.sign, Wiesbaden
Druck und buchbinderische Verarbeitung: Wilhelm & Adam, Heusenstamm
Gedruckt auf säurefreiem und chlorfrei gebleichtem Papier
Printed in Germany

ISBN 3-409-12740-2

Inhalt

I. Einleitung: Rede als PR-Instrument

1. Bilanz

Die 500 größten deutschen Unternehmen halten im Jahr ca. 29.000 Reden. Diesen Befund hat eine Umfrage des *Verbandes der Redenschreiber deutscher Sprache* (VRdS) und der Zeitschrift *Wirtschaftswoche* aus dem Jahre 2001 ergeben (vgl. BAZIL, 2002). Fügen wir kleine und mittelständische Unternehmen hinzu und erweitern wir diesen Kreis um weitere Organisationsformen wie Parteien, Stiftungen, Verbände oder Vereine, dann kommen wir leicht auf eine sechsstellige Zahl.

Warum halten aber Organisationen so viele Reden? Ist dies nur der Widerhall einer lieb gewonnenen Gewohnheit? Die widerwillige Erfüllung einer lästigen Pflicht oder der Ausdruck eines wirklichen Anliegens? Was erwarten die Publika von diesen Reden und Rednern? Belustigung oder Zeitvertreib, Erkenntnis oder Orientierung? Trost oder Handlungsanweisung? Was vermögen schließlich Reden überhaupt zu bewirken? Sind sie ein listiges Instrument, um Menschen zu manipulieren, das Unwichtige auszusprechen, um das Wesentliche zu verschweigen? Oder eine feine und erhabene Tarnung für das Nichtstun, die sich regelmäßig den Vorwurf einträgt: „Wenig reden, mehr handeln"? Eine umfassende Bestandsaufnahme liegt noch nicht vor. Die vorerwähnte Umfrage ist die erste ihrer Art.

Laut dieser Umfrage lehnen immerhin 78 Prozent der befragten Großunternehmen die Rede als bloße Konvention ab. Sie sehen in ihr vielmehr ein wichtiges Instrument unternehmenspolitischer Arbeit (83 Prozent), ein Instrument der Kommunikation (76 Prozent) bzw. ein Marketinginstrument (70 Prozent) und ein Instrument der Mitarbeiterkommunikation (56 Prozent).

Die meisten Reden werden von den Vorständen gehalten – knapp die Hälfte vom Vorstandsvorsitzenden selbst und die andere Hälfte von den restlichen Vorstandsmitgliedern. Die Redeanlässe sind verschieden. Sie ergeben sich, wie bei Jubiläen, Geburtstagen, Bilanzpressekonferenzen, oder werden geschaffen, wie bei Kongressen, politischen Veranstaltungen, Hauptversammlungen, Seminaren, Einweihungen, Jahresansprachen usw.

Doch ist es kein Geheimnis mehr, dass die überwiegende Mehrheit der Rednerinnen und Redner nicht selbst ihre Reden verfassen. In nur 36 Prozent der Fälle – so die Umfrage weiter – schreiben Redner noch selbst ihre Reden. Meistens bedienen sie sich der Dienstleistung von Menschen, die „Redenschreiberinnen" bzw. „Redenschreiber" heißen. Diese Zunft existiert nicht erst seit gestern. Bereits im 5. und 4. Jahrhundert v. Chr. verfassten Redenschreiber, oft selbst behände Redner, Redetexte für weniger gewandte Bürger, die ihre Sachen vor Gericht zu verteidigen hatten. Heute aber brauchen Redenschreiber weder Gerichtsreden zu schreiben noch selbst als Redner aufzutreten. Gleichwohl kommen ihnen jene Erfahrungen, die sie vielleicht als Redner sammeln konnten, bei der Erarbeitung von fremden Reden zugute.

Redenschreibern obliegt es, Materialien zu vorgegebenen Themen zu sammeln, zu recherchieren, Daten auszuwerten, Argumente für und wider zusammenzustellen, Gedanken in sprachlich gefällige Formulierungen zu gießen und leicht handhabbare Manuskripte zu erstellen. Sie versuchen ihre Auftraggeber durch gelungene Reden ins Rampenlicht zu setzen und auf die Vorderbühne zu platzieren, selbst aber führen sie ein Schattendasein und agieren oft auf der Hinterbühne. Die Öffentlichkeit nimmt daher die Redner wahr, kennt jedoch die Namen und Gesichter der Redenschreiber nicht. Ob dieses umrisshafte Profil der „Ghostwriter" noch zeitgemäß und dem Berufsbild zuträglich ist, bedarf weiterer Diskussion, zu der sowohl die Redenschreiber als auch deren Auftraggeber und Organisationen berufen sind.

64 Prozent der befragten Unternehmen beanspruchen den Dienst von Redenschreiberinnen und Redenschreibern, von denen 54 Prozent Mitarbeiter/innen des Hauses sind und nur 10 Prozent als externe Fachkräfte hinzugezogen werden. Zwei Drittel aller Redenschreiber/innen in Unternehmen sind „Gelegenheitsschreiber". Sie kommen entweder aus den Presse- und Öffentlichkeitsabteilungen (70 Prozent) oder aus der Personalabteilung, Marketingabteilung und anderen Fachabteilungen. Allerdings sind nur 6 Prozent von ihnen überwiegend mit der Aufgabe des Redenschreibens betraut, sonst übernehmen sie, je nach Organisationsgröße und Organisationsform, auch andere Funktionen.

Ein erstaunlicher Befund betrifft das Briefing. In nur 17 Prozent der Fälle werden die Redenschreiberinnen und Redenschreiber von den PR-Abteilungen gebrieft; in 51 Prozent der Fälle werden sie direkt durch den Redner persönlich instruiert. Erstaunlich ist diese Erkenntnis deshalb, weil die meisten Unternehmen die Rede als ein Kommunikationsinstrument verstehen, als ein Medium, dessen erfolgreicher Einsatz letztlich von einer engen Abstimmung mit den Kommunikationsabteilungen abhängig ist. Schließlich sind es ja die Kommunikationsabteilungen, welche die gesamte kommunikative Ausrichtung einer Organisation verantworten und über Auswahl und Einsatz von PR-Instrumenten entscheiden. Vor diesem Hintergrund ist es rätselhaft, weshalb nur in so geringem Maße PR-Abteilungen die Hoheit über Rednerpulte behalten.

Einen wichtigen und für die strategische Handhabung von Reden wichtigen Aspekt lässt die vorerwähnte Umfrage beiseite: die strukturelle Eingliederung von Redenschreibern in die Organisationen. Wie sind Redenschreiber/innen in Unternehmen, Parteien oder Verbänden organisiert? Beschäftigt jede Abteilung eine/n eigene/n Redenschreiber/in? Oder schließen sich Redenschreiber zu einer eigenen Abteilung zusammen und verantworten die Konzeption und Umsetzung von Reden? Berichten sie direkt dem Vorstand oder sind sie in PR- bzw. Marketingabteilungen organisiert und unterstehen nur den jeweiligen Verantwortlichen? Diese und ähnliche Fragen bleiben weiterhin offen. Die nächsten Umfragen sollten um diese Themenkreise ergänzt werden.

2.   Aufgaben

Worin besteht nun die Aufgabe eines Redenschreibers? Für viele, und das ist die herkömmliche Vorstellung, bedeutet „Redenschreiben" nichts anderes als Reden schreiben, eine Art Text-Design, analog zu Textil-Design, und das bedeutet: Ideen in sprachlich gefällige und reizvolle Formen bringen. Einprägsame Sätze, witzige Wendungen, einnehmende Ansprachen; dazu noch Recherchen, Anordnung von Zahlen, Fakten und Erstellung von Manuskripten. Viel präziser zählt die klassische Rhetorik die einzelnen Arbeitsschritte auf, welche der Vorbereitung und Umsetzung jeder Rede zugrunde liegen:

a) *Inventio*
Erkenntnis des Themas, Auffinden aller wichtigen Argumente und Materialien

b) *dispositio*
Gliederung des Stoffes

c) *elocutio*
sprachlich-stilistische Formung der Rede

d) *memoria*
Einprägen der Rede ins Gedächtnis mittels memotechnischer Regeln

e) *actio*
Vortrag, Einsatz der Körpersprache

Wer sich in der Redekunst üben oder sich als Redenschreiber versuchen will, besucht Seminare, liest Bücher und – im Idealfall – setzt das Gelernte auch um. Zahlreiche Ratgeber, Handbücher und Seminare helfen Führungskräften, glanzvoll aufzutreten, und Redenschreibern, wirkungsvolle Reden vorzubereiten. Diese Angebote laufen auf dem Markt meistens unter dem Namen „Rhetorik", wird doch bisher die Rhetorik als Heimstatt der Rede angesehen. Rhetorische Elemente wie Einstieg, Argumentation, Humor, Redefiguren und Schluss gehören genauso zum Sortiment dieser Offerte wie Formulierungshilfen für Texte, Umgang mit Zwischenrufen, Körpersprache usw. Wer diese Elemente beherrscht und sie richtig einsetzt, erhöht die Erfolgsaussichten seiner Rede – sowohl in Pressekonferenzen als auch im Parlament, vor Aktionären oder anlässlich des Geburtstags eines Mitarbeiters.

Betrachtet man Reden isoliert, gelegentlich gehalten, zu verschiedenen Anlässen, dann bieten die vorerwähnten Komponenten ein brauchbares Rüstzeug. Fasst man aber Reden ins Auge, die in Organisationen und in deren Namen gehalten werden, dann treten neue Anforderungen hinzu. Reden treten hier nicht mehr isoliert und zufällig auf, sondern eingebettet – gewollt oder ungewollt, bewusst oder unbewusst – in einem kommunikativen Prozess, der über längere Zeit Wechselwirkungen zwischen verschiedenen Kommunikationsinstrumenten wie Pressemitteilungen, Anzeigen, Interviews usw. auslöst. Gelächter, tosender Beifall, minutenlang anhaltender Applaus, stehende Ovationen mögen Rednerinnen und Rednern überwältigende Freude bereiten und wichtige Anhaltspunkte für einen möglichen Erfolg liefern, reichen jedoch als Kriterien für eine gelungene Rede nicht mehr aus. Was bedeutet also Erfolg für die Rede als PR-Instrument?

Um diese Frage zu beantworten, gilt es das Instrument Rede aus der Sicht zweier kommunikativer Prozesse, welche ineinander übergehen und in jeder Organisation am Werke sind, neu zu bestimmen: Kampagnen und Selbstdarstellungen.

3. Kampagnen

Reden werden als PR-Instrument in Kommunikationsprozessen eingesetzt, die sowohl interne als auch externe Zielgruppen betreffen. Werden diese Prozesse bewusst in Form von Kampagnen organisiert, dann befasst sich die strategische Planung neben der Analyse des Ist-Standes und der Planung der Medienstrategie auch mit den kommunikativen Zielen der Kampagne, die entweder lang-, mittel- oder kurzfristig erreicht werden können:

a) Vermittlung von Wissen über neue Sachverhalte
b) Änderung/Festigung von Meinungen
c) Änderung/Festigung von Einstellungen
d) Änderung/Festigung von Verhalten
e) Sozialer und kultureller Wandel

Als erfolgreich bzw. gelungen können Reden, wie übrigens auch alle anderen PR-Instrumente, erst dann gelten, wenn sie eines dieser, vorab in der Planung festgelegten, Ziele erreichen helfen. Ob nun eine Rede witzig ist und Gelächter ergattert, ist nicht primär entscheidend. Sogar den lobenden Worten der Zuhörer müsste mit Skepsis begegnet werden. Nicht selten wissen dieselben Personen einige Tage später nicht mehr, worum es in der Rede wirklich ging. Die einzige und nicht gering zu schätzende Nebenwirkung solcher Lobpreisungen ist das insgesamt positive Image der Rednerin bzw. des Redners, welches die Aufnahmefähigkeit des Publikums erweitert und dem Redner Überzeugungskraft verleiht. Entscheidend ist allein der Beitrag, den eine Rede im Verbund mit anderen Instrumenten zum Erfolg des kommunikativen Prozesses leistet. Die andere Ausprägung der geplanten Kommunikation ist die Selbstdarstellung.

4. Selbstdarstellung

Jede Organisation ist bestrebt, ein kohärentes und konsistentes, dem eigenen Selbstverständnis entsprechendes Bild nach innen und nach außen zu vermitteln. Bestandteile dieser Selbstdarstellung sind bekanntlich *corporate philosophy* (Selbstverständnis), *corporate design* (äußeres Erscheinungsbild) und *corporate behavior* (geschlossenes Auftreten). Millionen werden in die Entwicklung und Umsetzung von corporate-identity-Projekten investiert, stiefmütterlich wird dagegen ein anderes wichtiges Element der Kommunikation behandelt: Sprache und Sprachkultur.

Kommunikation ohne Sprache ist unvorstellbar, auch wenn nonverbale Kommunikation von großer Bedeutung ist. Auch die Sprache spiegelt die Kultur einer Organisation wider und prägt sie ihrerseits. Über die Gründe, weshalb Sprachkulturen nicht systematisch analysiert und gepflegt werden, kann man trefflich streiten. Ein Grund könnte darin liegen, dass es sich bei Design meistens um „Vorlagen" (Logo, Visitenkarten, Briefbögen etc.) handelt, die Mitarbeiterinnen und Mitarbeiter einfach übernehmen und einsetzen sollen. Niemand in der Organisation käme auf den Gedanken, diese Vorlagen beliebig nach eigenem Geschmack und momentaner Stimmung zu ändern. Der Umgang mit der Sprache allerdings unterliegt anderen Gesetzmäßigkeiten. Hier kann es selten allgemeingültige „Vorlagen" bzw. Standardsätze, -absätze geben. Gäbe es solche, dann wären sie entweder bloß sachlicher Natur oder sie würden auf zwischenmenschlicher Ebene kommunikative Schäden anrichten. Dies erschwert den geplanten Umgang mit der Sprache und die Pflege einer gemeinsamen, der Organisation entsprechenden Sprachkultur.

Ob nun die Sprachkultur als corporate language neben die vorerwähnten drei Säulen der korporativen Identität – Philosophie, Design und Verhalten – als vierte Säule gestellt werden kann, scheint auf den ersten Blick nahe liegend, auf den zweiten aber unnötig zu sein. Denn sprachliche Äußerungen – und dazu zählt auch die Rede – sind Handlung (vgl. SEARL, 1971) und lassen sich dem corporate behavior zuordnen. Reden kommt nun die Aufgabe zu, die Identität der Organisation widerzuspiegeln und deren Erscheinungsbild bei den Zielgruppen positiv zu beeinflussen.

Sowohl in Kampagnen als auch in Selbstdarstellungen sind Reden immer in drei Dimensionen eingeflochten:

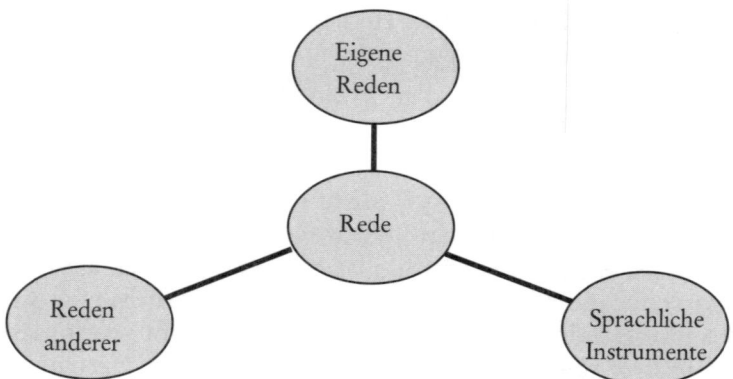

Abbildung 1: Die drei Dimensionen einer Rede

Diese drei Dimensionen zeigen, dass jede Rede in Verbindung steht mit:

- anderen Reden, welche dieselbe Person, z. B. der Vorstandsvorsitzende, bereits gehalten hat oder halten wird,

- Reden, die andere Personen derselben Organisation gehalten haben oder halten werden und

- anderen sprachlichen Instrumenten wie Pressemitteilungen, Geschäftsberichten, Anzeigen usw.

Somit ist jede Rede in ein Netz von sprachlichen Instrumenten integriert, das seiterseits in das größere Netz von PR-Instrumenten insgesamt eingebettet ist. Je konsistenter und kohärenter diese drei Dimensionen untereinander sind, umso höher liegen die Chancen eines kommunikativen Erfolgs. Das Ideal einer „integrierten Kommunikation" mag schwer zu erreichen ist, es bleibt gleichwohl eine gültige Richtschnur für Kommunikationsmanager.

5.   Reden für Führungskräfte

Die Person, die an der Spitze einer Organisation steht, prägt entscheidend deren Erscheinungsbild. Die Vorstandsvorsitzenden beeinflussen durch ihren persönlichen Ruf das Image ihrer Unternehmen stärker als bislang angenommen. Nach Angaben von *Lothar Rolke*, Mainzer Professor für Betriebswirtschaftslehre (BWL) und Unternehmenskommunikation, ist die Reputation des CEO zu 50 Prozent für das Unternehmensimage verantwortlich. Es besteht sogar zwischen dem Image des Unternehmens und dem Ruf des Firmenchefs ein statistisch nachweisbarer Zusammenhang: Ein gutes Firmenimage und ein hohes Ansehen des Vorstandsvorsitzenden verstärken sich gegenseitig. Im Gegenteil zieht ein schlechter Ruf des Vorsitzenden auch die Reputation des Unternehmens in Mitleidenschaft. Deshalb müssten das Image des Vorstandsvorsitzenden und das des Unternehmens regelmäßig ausgewertet und gepflegt werden (vgl. IDW).

Auch laut einer Umfrage, die Güttler + Klewes Communications Management vorgestellt hat, ist das Image der Person an der Spitze des Unternehmens entscheidend für die Imagebildung des gesamten Unternehmens: Ein Drittel aller Anleger hält die Aktie, wenn die Person des CEO überzeugend ist. Vor allem kann der Vorstandsvorsitzende als Mensch Punkten. 70 Prozent der Befragten möchten den Menschen auch außerhalb seiner Funktion einschätzen können (PRReport, 04. Mai 2001, S. 3), was Redenschreiber ermutigen sollte, die Person des Redners/der Rednerin stärker in den Mittelpunkt der Rede zu stellen bzw. den Redner/die Rednerin auch als Menschen bewusst in der Rede zu inszenieren. Völlig identifiziert mit Personen werden eher kleinere Organisationen bzw. Unternehmen. Bei *Saatchi und Saatchi* z. B. war das Unternehmen um seine Reputation besorgt, weil die beiden Brüder *Saatchi und Saatchi* es verlassen haben. Mag diese Gleichsetzung bei größeren Unternehmen schwächer ausgeprägt sein, so spielen die Vorstandsvorsitzenden hier dennoch eine gewichtige Rolle: Man denke an *Lee Iacocca* bei Chrysler, *Jack Welch* bei GE oder *Michael Eisner* bei Walt Disney.

„Das Unternehmensimage von heute ist der Umsatz von morgen", so bringt es Rolke auf den Punkt. Im Absatzmarkt bestätigt sich zudem immer häufiger, dass sich das Unternehmensimage besser verkauft als die so genannte einzigartige Produktbesonderheit. Die Hauptverantwortung für das Firmenimage trägt der Vorstandsvorsitzende, weshalb die Vorstandsvorsitzenden akzeptieren müssten, dass sie zunehmend selbst als Marken wahrgenommen werden. Je komplizierter die Unternehmenswelt, desto wichtiger sind die Firmenlenker. So beträgt heute die Berichterstattung über den Vorstandsvorsitzenden bereits 10 Prozent der gesamten Berichterstattung über das Unternehmen.

Wenn also die meisten Reden, wie es die obige Umfrage ergab, von Mitgliedern der Vorstände und an deren Spitze von den Vorstandsvorsitzenden gehalten werden, dann kommt der Rede als PR-Instrument eine eminente Bedeutung zu. Die Aufgabe eines Redenschreibers bestünde dann darin:

a) das Unternehmen darzustellen
b) die Rednerin bzw. den Redner darzustellen
c) beide in ein stimmiges Ganzes überzuführen

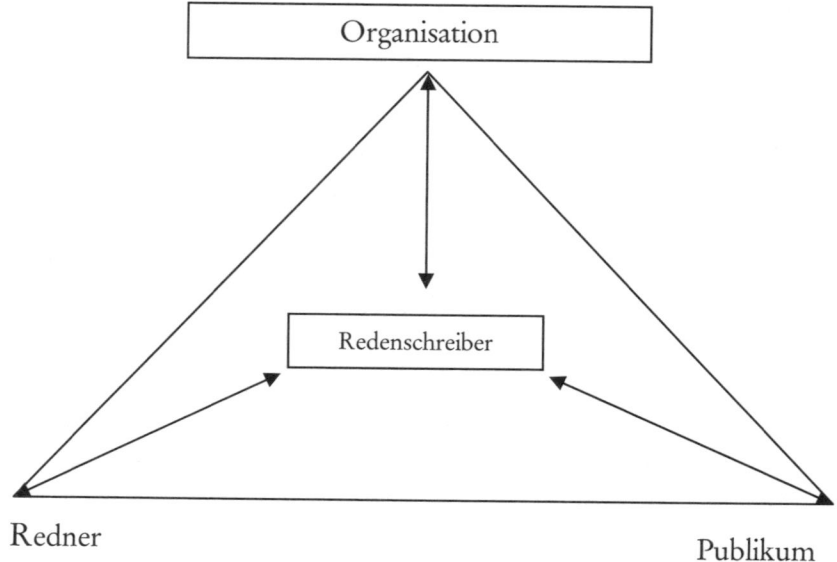

Abbildung 2: Die drei Aufgaben des Redenschreibers

Genau hier unterscheidet sich die klassische Rhetorik von einem neuen Ansatz, der „Redemanagement" heißt und das Thema des vorliegenden Werkes bildet. Die Bezeichnung „Redenschreiber/in" hebt die Funktion des Schreibens, des Text-Designers, hervor, worin allein, wie bereits dargestellt, sich die Aufgabe des Redenschreibers nicht erschöpft. Reden müssen PR-fähig und nicht nur gefällig sein. Diese genuin kommunikative Seite des Redenschreibers kommt aber in dieser Bezeichnung nicht vor. Zu Hilfe eilt uns seit geraumer Zeit ein anderer Ausdruck: „Redenberater". Er hat zwar den Vorteil, auch Beratungstätigkeiten hinsichtlich paralinguistischer Aspekte wie Körpersprache oder Kleidung zu umfassen, vernachlässigt jedoch die operative Ebene des Recherchierens, Zusammenstellens und Schreibens. Sinnvoller scheint deshalb die Zusammenführung beider Ebenen – sowohl der strategischen wie auch der operativen – zu sein, wozu sich das Wort „Redemanagement" am besten eignet. Diese Bezeichnung ist einerseits spezifisch genug, um die „Rede" in den Mittelpunkt zu stellen und andererseits allgemein genug, um neben rein rhetorischen Aspekten auch andere Elemente zu umfassen, die eher den Public Relations entstammen.

Dieses Buch konzentriert sich auf die textlichen Aspekte der Rede und lässt alle nonverbalen Blickpunkte beiseite. Der theoretische Teil erläutert das Eindrucksmodell der Kommunikation, zeigt, wie Impression Management im Alltag eingesetzt wird, und hebt die Bedeutung des semiometrischen Verfahrens für das Redemanagement hervor. Der praktische Teil setzt die Semiografie als eine besondere Ausprägung der Semiometrie um und führt eine neue Evaluationsmethode für Reden ein: die Plananalyse.

II. Theorie

1. Eindruck und Selbstdarstellung

1.1 Ein Experiment

Einige Tage vor dem Beginn eines Redemanagement-Seminars schickte ich der Hälfte der Seminarteilnehmerinnen und Seminarteilnehmer den nachstehenden Redetext A und der anderen Hälfte den Redetext B zu mit der Bitte, diese Texte auf einem von mir erstellten Fragebogen auszuwerten und das Ergebnis an mich zurückzusenden. Die Teilnehmer/innen wussten allerdings nicht, dass sie zwei verschiedene Redetexte erhielten, von denen der eine von *Eberhard von Kuenheim*, dem ehemaligen Vorstandsvorsitzenden der BMW AG, stammte und der andere eine von mir geringfügig geänderte Fassung derselben Rede war.

Die ursprüngliche Fassung des Redetextes lautet:

Redetext A

Standort Deutschland

Sehr verkürzt gesagt, verfügt unser Land über eine ausgeprägte Kultur der Systeme. Ob Grundlagenforschung oder duales Bildungssystem, ob das System des Bürgerlichen Gesetzbuches, die philosophische Analyse der Welt oder die Zwölftonmusik: In der systematischen Gestaltung ganz unterschiedlicher Themenbereiche hat unser Land Großes geleistet – und tut das auch weiterhin.

Weil wir die Dinge so systematisch angehen, fallen uns – am Rande bemerkt – attraktive Dienstleistungen so relativ schwer. Denn sie erfordern situatives, spontanes Reagieren. Und das scheint keine besonders deutsche Tugend zu sein.

Nicht nur das Vertrauen auf gewachsene Standortvorteile, sondern auch dieses Denken in Systemen – in Sozialsystemen zum Beispiel – hat uns selber blockiert. Auch hier ist also Aufbruch gefordert. Überall geht es um eine neue Kultur der Vitalität.

Um die Zukunft zu bewältigen, haben wir zugleich auf Bewahrung – auf die Erhaltung der Ordnung – und auf Veränderung, also auf Unordnung, auf Vielfalt, auf Wagnis zu setzen. Es geht zugleich um Ordnung und Wandel, um Reife und Vitalität, um Systemfähigkeit und Flexibilisierung.

Diesen Text habe ich wie folgt geändert:

Redetext B

Standort Deutschland

Sehr verkürzt gesagt, verfügt unser Land über eine ausgeprägte Kultur der Systeme. Ob Grundlagenforschung oder duales Bildungssystem, ob das System des Bürgerlichen Gesetzbuches, die philosophische Analyse der Welt oder die Zwölftonmusik: In der systematischen Gestaltung ganz unterschiedlicher Themenbereiche hat unser Land Großes geleistet – und tut es weiterhin.

Weil wir die Dinge so systematisch angehen, fallen uns – am Rande bemerkt – attraktive Dienstleistungen so relativ schwer. Denn sie erfordern situatives, spontanes Reagieren. Systematisches Denken bedarf der Präzision, Logik und der wissenschaftlichen Methode. Spontane Handlungen sind hingegen emotional, oft undurchdacht, mit teilweise unvorhersehbaren Folgen. Und so zu handeln scheint keine besonders deutsche Tugend zu sein.

Nicht nur das Vertrauen auf gewachsene Standortvorteile, sondern auch dieses Denken in Systemen – in Sozialsystemen zum Beispiel – hat uns selber blockiert. Und uns blockiert weiterhin das Vorurteil: Menschlichkeit spiele keine Rolle im Geschäft. Auch hier ist also Aufbruch gefordert. Überall geht es um eine neue Kultur der Vitalität und Menschlichkeit.

Vitalität setzt Vertrauen in den Menschen voraus. Nicht als systematisch denkendes Wesen, sondern als soziales Wesen, das Bindungen eingeht, mit anderen Menschen zusammen sein und nicht bloß zusammenarbeiten will, Gemeinschaft braucht und nicht bloß in Teams anderen Menschen begegnet, Emotionen zeigt und dabei auf Verständnis hofft, auf ehrliches Miteinander. Vitalität setzt voraus, dass Menschen in anderen Menschen nicht ausschließlich Kolleginnen oder Kollegen sehen, sondern vielleicht auch Freunde. Das erfahre ich – und ich vermute auch Sie – jeden Tag.

Um die Zukunft zu bewältigen, haben wir zugleich auf Bewahrung – auf die Erhaltung der Ordnung – und auf Veränderung, also auf Unordnung, auf Vielfalt, auf Wagnis zu setzen. Vor allem aber brauchen wir vitale Menschen und keine dressierten Maschinen. Es geht zugleich um Ordnung und Wandel, um Reife und Vitalität, um Systemfähigkeit und Flexibilisierung. Es geht aber vor allem um das menschliche Antlitz der Unternehmen.

Beide Gruppen sollten bewerten, welche der folgenden Kategorien auf einer Skala von 1 (trifft nicht zu) bis 5 (trifft zu) auf den Redner zutreffen:

- „familiär"
- „sozial"
- „religiös"
- „materiell"
- „verträumt"
- „lustorientiert"
- „traditionell"
- „dominant"
- „rational"
- „kämpferisch"
- „erlebnisorientiert"
- „kulturell"
- „kritisch"

Die getrennte Befragung ergab für beide Redetexte folgende Gesamtbewertung:

Bewertungsbogen

Wenn Sie den Redner ganz allgemein bei den folgenden Kategorien einordnen sollten, welche treffen auf ihn am ehesten zu?

Zum Redetext A:

KATEGORIEN	BEWERTUNG				
	trifft nicht zu				trifft zu
	1	2	3	4	5
Familiär	☐	☐	☒	☐	☐
Sozial	☐	☐	☒	☐	☐
Religiös	☐	☒	☐	☐	☐
Materiell	☐	☒	☐	☐	☐
Verträumt	☒	☐	☐	☐	☐
Lustorientiert	☐	☒	☐	☐	☐
Erlebnis-orientiert	☐	☐	☐	☒	☐

	1	2	3	4	5
Kulturell	☐	☐	☐	☒	☐
Rational	☐	☐	☐	☒	☐
Kritisch	☐	☐	☒	☐	☐
Dominant	☐	☐	☒	☐	☐
Kämpferisch	☐	☐	☒	☐	☐
Traditionell	☐	☐	☐	☒	☐

Zum Redetext B:

KATEGORIEN	BEWERTUNG				
	trifft nicht zu				trifft zu
	1	2	3	4	5
Familiär	☒	☐	☐	☐	☐
Sozial	☐	☐	☐	☒	☐
Religiös	☒	☐	☐	☐	☐
Materiell	☐	☒	☐	☐	☐
Verträumt	☐	☒	☐	☐	☐
Lustorientiert	☐	☒	☐	☐	☐
Erlebnisorientiert	☒	☐	☐	☐	☐
Kulturell	☐	☒	☐	☐	☐
Rational	☐	☐	☒	☐	☐
Kritisch	☐	☐	☐	☒	☐
Dominant	☐	☒	☐	☐	☐
Kämpferisch	☐	☒	☐	☐	☐
Traditionell	☒	☐	☐	☐	☐

Bei nahezu allen Kategorien haben sich teils geringfügige und teils starke Verschiebungen ergeben. Es fällt jedoch auf, dass, während in der Bewertung des ersten Textes „erlebnisorientiert", „kulturell", „rational" und „traditionell" als die zutreffendsten Charakteristika überwiegen, die Wertekategorien „sozial" und „kritisch" die meisten Stimmen in der Bewertung des zweiten Textes auf sich ziehen.

Weshalb fallen aber die Bewertungen beider Texte so unterschiedlich aus? Was hat sich in der Wahrnehmung der Seminarteilnehmerinnen und Seminarteilnehmer geändert? Welche Faktoren haben dabei die ausschlaggebende Rolle gespielt?

Um diese Fragen zu beantworten, gilt es einen anderen, für alle nachfolgenden Überlegungen entscheidenden Aspekt, zu erörtern: das Eindrucksmodell der Kommunikation. Denn es sind Eindrücke, welche die Wahrnehmungen, die positiven ebenso wie die negativen, beeinflussen.

1.2   Sprache hat vier Funktionen

Wenn wir die beiden oben angeführten Texte lesen, so finden wir in ihnen keinen einzigen Hinweis auf den Redner selbst. Dieser spricht zwar ausdrücklich über Themen wie „Kultur der Systeme", „Spontaneität", „Bürgerliches Gesetzbuch" und „Standortvorteile", über „Vitalität", „Ordnung", „Wagnis" und „Zwölftonmusik", gibt aber keine Nachricht von sich. Lediglich in der Forderung, wir müssten zugleich auf Bewahrung und Veränderung setzen, schimmert die Person des Redners durch: „Wir" schließt den Redner ein und drückt gleichzeitig seine Meinung aus. Wenn auch die meisten Absätze des Textes thematische Erörterungen beinhalten und uns zum Nachdenken anregen, zeigt das obige Experiment, dass sich unter dieser ersten und sichtbaren Oberfläche eine andere, zweite, Ebene auftut, welche Rückschlüsse auf den Redner selbst ermöglicht, mögen diese auch noch so unterschiedlich sein: Er ist „sozial" oder „rational" oder „kritisch" usw. Um welche zweite, im Verborgenen wirksame Ebene handelt es sich dabei und wie wirkt sich diese auf die Wahrnehmung der Leser/innen bzw. Zuhörer/innen aus?

Sprechen ist eine regelgeleitete Form des Verhaltens. Deshalb prägen sich sprachliche Äußerungen als sprachliche Handlungen aus, die folgende vier Funktionen erfüllen (vgl. SCHULZ VON THUN, 2001):

- Information:
  Der Sprecher referiert über Sachverhalte oder Gegenstände.

- Selbstdarstellung:
  Der Sprecher stellt sich selbst dar.

- Beziehung:
  Der Sprecher stellt eine Beziehung zum Hörer her.

- Appell:
  Der Sprecher fordert den Hörer zu bestimmten Handlungen auf.

Diese vier Funktionen wohnen jeder sprachlichen Handlung und somit jeder Rede inne. Sie treten stets gemeinsam auf und stellen Bezüge untereinander her. Ob nun in einer Rede die eine oder andere Funktion überwiegt, ist kontextabhängig. Für das Redemanagement bedeutet diese Erkenntnis, dass die Rednerin oder der Redner in jeder Rede neben Information, Beziehungspflege und Appell ausdrücklich oder implizit immer auch sich selbst darstellt und einiges von der eigenen Identität preisgibt. Das ist der Grund, weshalb die Seminarteilnehmerinnen und Seminarteilnehmer vom Text der Rede Rückschlüsse auf die Person des Redners ziehen konnten, ohne vom Redner selbst unmittelbar Hinweise darauf vernommen zu haben.

Wie sich nun diese vier Funktionen, vor allem die letzten drei, vollziehen, zeigt das Eindrucksmodell der Kommunikation.

1.3 Eindruck

Nach der herkömmlichen Auffassung drücken Menschen in kommunikativen Prozessen stets etwas aus. Der „Sender" verschlüsselt, encodiert, seine Botschaften und der „Empfänger" entschlüsselt, decodiert, sie. Erst wenn der Sender und der Empfänger gleichermaßen über denselben „Code" verfügen, vermögen Botschaften ausgesendet und verstanden zu werden. Anders ausgedrückt, kommen kommunikative Prozesse einer Art Transport gleich. Der eine verpackt die Nachricht in einen Code und verschickt das Paket auf einem Kanal zum Empfänger, und im Gegenzug packt dieser das Paket aus und versteht die Nachricht.

Doch dieses Modell entspricht nicht unserer Erfahrung. Es gibt nämlich keine Nachrichten in nicht-codierter Form – *„eine uncodierte Nachricht ist so etwas wie ein nicht geträumter Traum"* (KELLER). Nachrichten sind immer schon verschlüsselt, weshalb das Code-Modell bzw. das Ausdrucks-Modell auf eine Verdoppelung der Welt hinausläuft: Bevor der Sender eine Nachricht encodiert, muss er sie denken, aber um denken zu können, muss er diese Nachricht bereits mit einem Code wie z. B. der deutschen Sprache verschlüsselt haben usw. Beachtet man zudem, dass Sprechen auch elliptisch ist, d. h. mit Aussparungen arbeitet („Was machst du da?" „Nichts." (wir verstehen die Antwort als: „Ich mache nichts.")), und wir dabei unverschlüsselte Nachrichten („ich mache") verstehen können, dann bedürfen wir eines anderen Erklärungsmusters als des Ausdrucks-Modells, um den kommunikativen Prozess zu begreifen. Das Eindrucks-Modell der Kommunikation schafft hier Abhilfe.

Nach diesem Modell bringt der „Sender" beim „Empfänger" einen Eindruck hervor, den sich dieser *durch eigene Tätigkeit, durch kognitive Anstrengungen zu seinem Eindruck machen muss. Die kommunikative Sozialhandlung ... zerfällt nicht wie beim Ausdrucksmodell in partielle Individualhandlungen. Denn das Handlungsziel, der angeeignete Eindruck beim Hörer, ist das Ergebnis der auf dieses Ziel hin koordinierten Sprecher- und Hörerhandlungen* (SCHMITZ, 1994, S. 15; vgl. EBERT/PIWINGER, 2004, S. 5 ff.).

Die ausdruckstheoretische Annahme, erfolgreiche Kommunikation setze einen gemeinsamen Code voraus, ist unrealistisch. Wir kommunizieren nämlich auch dann, wenn keine Gemeinsamkeiten vorhanden sind, ja, wenn sich Voraussetzungen, Vermutungen und Annahmen unter dem Sender und Empfänger unterscheiden. Kommunikation bedeutet daher Risiko. *„Struktur und Leistung der jeweils verwendeten sprachlichen Mittel haben wenig bis nichts mit der Struktur des ‚Ausgedrückten' zu tun, aber viel bis alles mit dem, was unter gegebenen Kommunikationsbedingungen wie Situation, Vorwissen des Hörers, Kontext etc. für das Erzielen der beabsichtigten, im Verein mit dem Hörer herzustellenden Wirkung im Hörer erforderlich ist."* (SCHMITZ, S. 17)

Wenn wir sprechen oder schreiben, wecken wir Eindrücke, und wenn andere uns hören oder lesen, ziehen sie Rückschlüsse auf unsere Person und bilden dabei Eindrücke über uns: Er ist höflich; sie ist respektvoll, formell, freundlich, distanziert, warm, grobschlächtig usw. Jede Äußerung – schriftlich oder mündlich – ist zugleich eine Form der Selbstdarstellung, ob es einem bewusst ist oder unbewusst oder ob es einem gefällt oder nicht. Wenn der Abteilungsleiter morgens mit seinem Angestellten spricht und ihn fragt: „Wie geht es dir?", will er bei ihm den Eindruck hinterlassen, er sei ein fürsorglicher Chef, er interessiere sich für seinen Angestellten und sei ihm wohl gesonnen. Zieht der Interaktionspartner – hier der Angestellte – aus der Frage dieselben Schlüsse, ist die Selbstdarstellung des Abteilungsleiters erfolgreich und weckt beim Mitarbeiter den erwünschten Eindruck. Bedient sich aber derselbe Abteilungsleiter in seinen Briefen an die Mitarbeiter eines Bürokratendeutsch, läuft er Gefahr, als kalt, unbeteiligt und unsensibel wahrgenommen zu werden. Eindrücke, die gewiss nicht in seinem Sinne als Führungskraft liegen.

Was für Personen gilt, ist natürlich auch für Organisationen gültig. Diese bestehen aus Sprache mit unterschiedlichen Ausprägungen: Erwartungen, Gerüchte, Versprechen, Verpflichtungen, Informationen, Vorurteile, Drohungen, Misstrauensäußerungen usw. Wie und in welchem Stil Organisationen Briefe schreiben, Berichte verfassen, Beschwerden bearbeiten, Bewerbern Absagen erteilen, Aufgaben beschreiben, Gebrauchsanweisungen verfassen, Protokolle anfertigen, Pressemitteilungen versenden, Anrufe entgegennehmen oder Reden halten, verrät viel über sie und ihre Identität. Die Sprache von Geschäftsberichten zum Beispiel gibt Hinweise über die Verfassung des Unternehmens: Ist die Sprache klar und präzise, umso glaubwürdiger sind die Aussagen des Geschäftsberichtes. Ist die Sprache aber undeutlich und vage, dann ist das ein Zeichen negativer Tendenzen in der Geschäftsentwicklung (vgl. Piwinger/Ebert, 2001). Die Sprache bestimmt die Wahrnehmungswelt. Ihr Wortschatz und ihre grammatikalische Struktur spiegeln eine eigene Erfahrungswelt wider, welche die Wahrnehmung, das Denken und das Verhalten der Menschen unmittelbar beeinflusst.

1.4 Beispiele sprachlicher Selbstdarstellungen

Wie Sprache das Denken und Verhalten des Menschen beeinflusst, zeigen folgende alltägliche Beispiele: Titel, Bezeichnungen, Interaktionen, Interviews und Mitarbeiterführung.

1.4.1 Titel

Titel eignen sich besonders gut, die Wahrnehmung der Menschen zu prägen, wie es der amerikanische Wissenschaftler *Robert B. Cialdini* zu berichten weiß:

> *„In einem australischen Experiment wurde den Schülern von fünf Klassen ein Mann als Besucher von der Universität von Cambridge in England vorgestellt. Über seine Position an derUniversität wurden allerdings in jeder Klasse andere Angaben gemacht. Einer Klasse wurde erals einfacher Student präsentiert, einer zweiten als Tutor, einer dritten als Assistent, einer weiteren als Dozent und noch einer anderen als Professor. Nachdem er den Raum verlassen hatte,sollten die Schüler seine Größe schätzen. Es zeigte sich, dass der Mann mit jedem Schritt auf derStatusleiter um durchschnittlich etwa 1,3 Zentimeter wuchs, sodass der ‚Professor‘ etwa 6,5 cmgrößer geschätzt wurde als der ‚Student‘.“* (Cialdini, S. 274)

Dieses Experiment zeigt, wie Titel zu bestimmten Schlüssen führen, die sogar die Wahrnehmung physischer Eigenschaften beeinflussen. Führte man weitere Experimente durch, so käme man gewiss zu der wenig überraschenden Feststellung, dass dieselben Schüler die Aussagen des „Professors" als glaubwürdiger einschätzen würden als die des „Studenten". Sie würden sogar weit reichende Schlüsse über die persönlichen Eigenschaften dieses „Professors" ziehen: Er verdiene gut Geld, er sei verheiratet, er sei spießig, er wohne in seinem Wolkenkuckucksheim, er sei Fachidiot etc. Eigenschaften, welche sie bestimmt nicht dem „Studenten" oder „Assistenten" zuschreiben würden. Ein Wort also, hier ein Titel, reicht vollkommen aus, um die gesamte Persönlichkeit eines Menschen zu durchleuchten. Mit einem Minimum an Informationen ziehen die Menschen ein Maximum an Rückschlüssen.

1.4.2 Namen

„Operation Blastoff", „Zero Defects", „Super Staff", „Neue Mitte" (SPD), „Neue soziale Marktordnung" (CDU) oder Selbstbeschreibungen wie: „Wir sind die Nummer Eins", „Sie tritt in die Fußstapfen von ..." usw. sind einige wenige Beispiele, wie Politiker und Unternehmensführung auf die Suggestivkraft solcher Bezeichnungen setzen. Interessant ist ein Memo von *Winston Churchill* aus dem Jahre 1943, in dem er *General Ismay* ermahnt, für kriegerische Operationen angemessene Namen auszuwählen:

> *„Operations in which large numbers of men may lose their lives ought not to be described bycode-words which imply a boastful and overconfident sentiment, such as ‚Triumphant‘, or‚conversely, which are calculated to invest the plan with an air of despondency, such as ‚Woebetide‘, ‚Massacre‘, ‚Jumble‘, ‚Trouble‘. (...). They ought not to be names of a frivolous character, such as ‚Bunnyhug‘ ‚Billingsgate‘, (...) ‚Ballyhoo‘ After all, the world is wide, and intelligent thought will readily supply an unlimited number of well-sounding names which do notsuggest the charakter of the operation or disparage it in any way and do not enable somewidow or mother to say that her son was killed in an operation called ‚Bunnyhug‘ or‚Ballyhoo‘ (...). The heroes of antiquity, figures from Greek and Roman mythology, the constellations and stars, famous racehorses, names of British and American war heroes, could beused, provided they fall within the rules above."* (ROMAN/RAPHAELSON, 1992, S. 44)

Namen aus der griechischen oder lateinischen Mythologie umrahmen tragische Ereignisse würdevoller als banale Bezeichnungen. Müttern oder Witwen gefallener Soldaten würde dabei der Eindruck trösten: Ihr Sohn oder ihr Mann sei in einem heroischen Krieg für das Vaterland gefallen und nicht umsonst in einer banalen und bedeutungslosen Auseinandersetzung.

1.4.3 Bezeichnungen

Lehrreich ist auch die Wirkung von Berufsbezeichnungen auf Jugendliche. Das Bundesinstitut für Berufsbildung (BIBB) hat gemeinsam mit der Universität Bonn eine Studie durchgeführt zum Thema „Berufsbezeichnungen und ihr Einfluss auf die Berufswahl von Jugendlichen" (vgl. BIBB). Berufsbezeichnungen sollen eine erste Vorstellung vom Berufsinhalt vermitteln. Doch nehmen Jugendliche den Namen eines Berufs nicht nur als Orientierungshinweis auf die mit ihm verbundenen Tätigkeiten. Sie prüfen vor allem dessen Image-Tauglichkeit unter Freunden. Wichtig für sie ist der Eindruck, den seine Erwähnung als Beruf macht. Erscheint die Berufsbezeichnung dem eigenen Ansehen eher abträglich, wird eine solche Lehrstelle nicht erwogen – auch dann nicht, wenn noch freie Ausbildungsplätze zur Verfügung stehen.

Diese Bezeichnungen erfüllen drei Funktionen:

1. Informations- und Signalfunktion:
   Jugendliche lesen die Berufsbezeichnungen wie Hinweisschilder, was sie im Beruf erwartet. Dies wird oft für traditionelle Berufe zum Problem, weil ihre Bezeichnungen falsch interpretiert werden. Namen wie Müller/in, Schornsteinfeger/in oder Bäcker/in verbinden sie mit den Märchenbüchern ihrer Kindheit, aber nicht mit der modernen Berufswirklichkeit. Deshalb halten die Jugendlichen diese Berufe für altmodisch und meiden sie.

2. Selektionsfunktion:
   Jugendliche reduzieren die Belastungen der Berufsfindung und Lehrstellensuche möglichst auf ein Mindestmaß. Deshalb halten sie die Zahl der infrage kommenden Berufe überschaubar. Berufsbezeichnungen dienen ihnen dabei als Raster: Das, was nicht sofort interessant klingt, fällt durch. Dem ersten Eindruck, den eine Berufsbezeichnung macht, kommt somit ein großes Gewicht zu, denn ist er negativ, bestehen kaum noch Chancen, dass der Beruf weiter beachtet wird.

3. Selbstdarstellungsfunktion:
   Jugendliche überprüfen die Berufsbezeichnungen auf ihre Tauglichkeit als „Visitenkarte" der eigenen Persönlichkeit. Attraktiv sind deshalb Bezeichnungen, die auf einen intelligenten, erfolgreichen und geachteten Menschen schließen lassen. Positiv besetzt sind Bezeichnungen wie „Mediengestalter/in für Digital- und Printmedien", negativ dagegen Namen wie „Gebäudereiniger/in" oder „Fachkraft für Kreislauf- und Abfallwirtschaft".

1.4.4 Interviews

Dass sich Menschen der Suggestivkraft der Sprache bewusst sind, zeigt ihr Verhalten bei Befragungen. Oft ändern Individuen ihre Einstellungsäußerungen, um einen guten Eindruck beim Publikum zu hinterlassen, ohne jedoch ihre Einstellungen tatsächlich verändert zu haben. Bisweilen geschieht dies bei Befragungen: *„... Befragungen (führen) grundsätzlich zu tendenziösen Ergebnissen ... Nur wenige Menschen haben Lust, sich zu exponieren. Die meisten möchten, wenn sie befragt werden, als besonnene, intelligente, sympathische Menschen gelten. Dazu orientieren sie sich stets an der Mehrheit. Schließlich will der Mensch dazugehören und nicht abseits stehen."* (JUNG/VON MATT, 2002, S. 229)

Kein Wunder also, wenn Einstellungsäußerungen und die tatsächlichen Einstellungen oft voneinander abweichen. Vieles hängt aber davon ab, ob diese Äußerungen privat oder in der Öffentlichkeit getroffen werden. Im letzten Fall achten Menschen automatisch auf ihre Selbstdarstellung, während private Äußerungen diesen Druck zur Selbstdarstellung nicht erzeugen. Bei Verhaltensänderungen ist es ähnlich. Sie können in der Öffentlichkeit aus selbstdarstellerischen Zwecken vollzogen werden, ohne die dazugehörige Einstellungsänderung nach sich zu ziehen. Deshalb führt der Weg zu einer Verhaltensänderung nicht immer über eine Einstellungsänderung. Manchmal kann es sogar umgekehrt sein.

1.4.5 Mitarbeiterführung

Um das Verhalten ihrer Mitarbeiterinnen und Mitarbeiter zu beeinflussen und deren Leistungen zu verbessern, wecken Führungskräfte oft entsprechende Eindrücke. Bekannt und beliebt ist unter Führungskräften die Sich-selbsterfüllende-Prophezeiung. Sie besagt, dass die Erwartung eines Ereignisses Menschen dazu führt, so zu handeln, dass die Wahrscheinlichkeit des Eintritts dieses Ereignisses steigt. Eine Ausgestaltung dieses Prinzips ist der Pygmalion- bzw. der Galatea-Effekt. Dieser Name geht auf ein Werk von *George Bernard Shaw* zurück, in dem der Autor beschreibt, wie Professor Henry Higgins eine Analphabetin, Eliza Doolittle, durch Anwendung des Pygmalion-Effekts in eine Meisterin der englischen Sprache verwandelte. Den mythologischen Hintergrund bildet die Geschichte von Pygmalion, der eine Statue namens Galatea schuf, sich in sie verliebte und sie unbedingt zum Leben erwecken wollte. Pygmalion setzte sich bei Venus ein und konnte sie dazu bewegen, dieser Statue Leben einzuhauchen (vgl. GIACALONE/ROSENFELD, 1991, S. 16).

Bezogen auf das Management heißt dies, dass Erwartungen eines Managers an seine Mitarbeiter die Erwartungen der Mitarbeiter an sich selbst steigern und deren Leistungen erhöhen. Geschichtserzählungen sind ein probates Mittel dazu, indem sie die aktuelle Lage eines Mitarbeiters mit dem Schicksal eines Helden identifizieren und die tatsächliche Leistung des Helden als Erwartung an den Mitarbeiter herantragen. So zieht der Mitarbeiter den Schluss: Ich bin in derselben Lage wie der Held; er hat es geschafft, also werde ich es auch schaffen. Den erwünschten Effekt erzielt man auch bei großen Veränderungen, indem Manager den zu erwartenden Zustand so darstellen, dass dieser große Erwartungen weckt und die Mitarbeiter motiviert, in dem beschriebenen Sinne zu handeln. Die Reihenfolge Verhalten des Mitarbeiters – Erwartung des Managements – Verhalten des Managements – Erwartung des Mitarbeiters an sich – verbesserte Leistungen des Mitarbeiters geht somit auf Eindruckssteuerung des Managements zurück.

Ein anderes Beispiel für sprachliche Eindruckssteuerung simuliert *Korda:*

> *„Angenommen, Sie erwarten als Abteilungsleiter einer großen Firma einen Verlust von 200.000 US-Dollar im Vergleich zum Vorjahresergebnis. Was tun Sie? ... Sie kündigen Folgendes an: Die Katastrophe ist da. Die Firma wird 400.000 US-Dollar verlieren ... Nun der nächste Schritt: Übernehmen Sie großzügig die Verantwortung für das Fiasko (Verantwortlichkeit ist akzeptabel, Schande nicht!) und erweisen Sie sich dadurch als echte Führungspersönlichkeit, die ihren unfähigen Mitarbeitern beisteht. Sagen Sie Ihren Vorgesetzten, Sie seien bereit, die Rolle des Sündenbocks zu übernehmen. Sie können den Effekt noch steigern, indem Sie die Bereitschaft signalisieren, in Ihre Entlassung einzuwilligen, aber tun Sie das nur, wenn Sie ganz sicher sind, dass Ihre Vorgesetzten Ihre Entlassung nicht akzeptieren. Arbeiten Sie hart und senden Sie Memos an jedermann. So erzielen Sie die Aufmerksamkeit der für Sie wichtigen Vorgesetzten. Machen Sie Überstunden und treffen Sie Ihre Vorgesetzten so oft wie möglich. Je mehr Sie Ihre Vorgesetzten in das Geschehen hineinziehen, je mehr wird das Problem Ihr gemeinsames Problem. Die Verantwortung diffundiert und verteilt sich nach oben und nach unten. Der Rahmen für die Situationswahrnehmung und -definition ist gesetzt, und wenn Sie mitteilen, dass der Verlust lediglich 200.000 US-Dollar beträgt, wird man Sie als Helden feiern, denn schließlich haben Sie der Firma 200.000 US-Dollar gerettet.“* (PIWINGER/EBERT, 2002, 1.06, S. 22-23)

Kommunikation vollzieht sich also immer über Inferenzen bzw. Schlüsse, die Interaktionspartner immer und überall ziehen. Erreichen wir eine Übereinstimmung zwischen erwünschten und tatsächlich wahrgenommenen Eindrükken, kann von einer gelungenen Kommunikation gesprochen werden. Klaffen aber die Eindrücke auseinander, dann entstehen Missverständnisse und steigt der Bedarf an weiterer Kommunikation. Menschen und Anspruchsgruppen, sowohl innerhalb als auch außerhalb ein und derselben Organisation, ziehen aber nicht immer dieselben Schlüsse. Äußerungen jeglicher Art sind daher offen für verschiedene Schlüsse, und das heißt für verschiedene Interpretationen und Deutungen.

1.5   Unternehmen als Deutungsgemeinschaften

Wir kennen juristische, betriebswirtschaftliche und soziologische Definitionen von Unternehmen als sozialen Systemen. Vor dem Hintergrund der vorigen Überlegungen ist es sinnvoll, Unternehmen, wie auch alle anderen Organisationsformen, als Deutungsgemeinschaften aufzufassen. Unternehmen sind Gemeinschaften, weil ihnen alle „Stakeholder", Mitarbeiter, Kunden, Lieferanten, Anteilseigner, angehören (vgl. HINTERHUBER, STAHL, 1996, S. 9) und sie sind deutende Gemeinschaften, weil *„menschliches Verhalten und Handeln – sei es nichtsprachlicher oder sprachlicher Art – ... neben vielen ande-*

ren Eigenschaften immer die der Zeichenhaftigkeit aufweist. Von der Geste bis zum ‚signifikanten' Symbol, vom Anzeichen und Symptom bis zum konstruierten und eindeutig definierten mathematischen Zeichen, vom Körper- und Gesichtsausdruck bis zur Kleidung, vom Natureindruck bis zum menschlichen Produkt ordnen wir uns und unserer Umwelt Zeichenqualitäten zu und konstruieren damit den menschlichen Interpretationshorizont" (SOEFFNER, 1991, S. 65; vgl. auch ALVESSON/BERG, 1992, S. 106). Den Kommunikationsabteilungen obliegt es nun, diese Deutungen sowohl binnenperspektivisch, intern, als auch außenperspektivisch, extern, mitzugestalten und die Unternehmensleitung, das Management, die Mitarbeiterinnen und Mitarbeiter anzuhalten, sich an diesen Deutungen zu orientieren.

Diese Deutungen verdichten sich in Gebilden, die wir „Marken" nennen, „Corporate Identities", „Images" oder „Reputationen". Sie gehen aus Deutungen hervor, münden wieder in sie ein und folgen aus ihnen von Neuem (vgl. BUSS, 2000, S. 41). Dabei geht es weniger um „wahre" oder „falsche", sondern um „sinnvolle" oder „unpassende" Interpretationen, die nur in der Kommunikation, d. h. in einer symbolvermittelten Interaktion, sich als gültig oder ungültig erweisen können. Überdauern bestimmte Deutungen Zeitabschnitte und werden sie reproduziert, dann verwandeln sie sich in „richtige" Interpretationen oder verdichten sich zu „objektiven" Realitäten. Werden sie aber „getestet" und als unpassend empfunden, werden sie verworfen und durch neue Interpretationen ersetzt (vgl. HINTERHUBER/STAHL, 1996, S. 10). Setzen Organisationen die Sprache so ein, dass diese den Boden für erwünschte Deutungen bereitet, gereicht sie zum Wettbewerbsvorteil. Auch die Rede als ein sprachliches Gebilde eignet sich vorzüglich zur Steuerung von Deutungen. In Anlehnung an Ludwig Wittgenstein kann man daher sagen: Die Grenzen der Sprache sind die Grenzen dieser Interpretationen.

2. Impression Management

2.1 Theorie des Impression Management (IM)

Nachdem im vorausgegangenen Kapitel das Eindrucksmodell der Kommunikation beleuchtet und einige alltägliche Beispiele für den sprachlichen Umgang mit Eindrücken angeführt wurden, gilt es nun die Theorie des Impression Management darzulegen, die sich allgemein, auch über sprachliche Äußerungen hinaus, mit Eindrücken und deren Handhabung befasst (vgl. BAZIL, 2003).

Die Theorie des Impression Management gründet sich einerseits auf dem Pragmatismus von *Charles S. Peirce* (1839–1914) und *William James* (1842–1910) und andererseits auf dem Symbolischen Interaktionismus von *George Herbert Mead* (1863–1931). Ausgearbeitet hat diese Theorie *James T. Tedeschi* (TEDESCHI, 1981), der unter Management von Eindrücken die *„menschliche Tendenz zur interpersonalen Eindruckssteuerung"* versteht: *„Individuen kontrollieren (beeinflussen, steuern, manipulieren) in sozialen Interaktionen den Eindruck, den sie auf andere Personen machen."* (MUMMENDEY, 1999, S. 1). Darauf heben auch verbale Feldstrukturen ab wie „beeindrucken", „imponieren", „faszinieren", „umgarnen", „betören" oder nominale Feldstrukturen wie „Achtung", „Ansehen", „Ruf", „Prestige", „Ehre", „Ruhm", „Rang" usw. oder auch Redewendungen wie „Eindruck schinden", „einen guten Ruf genießen", „sich in Szene setzen", „von sich reden machen", „gute Figur machen", „hoch im Kurs stehen" (vgl. PIWINGER/EBERT, 2002, S. 5).

Menschen sind immer und überall, sowohl verbal als auch nicht-verbal, bestrebt, sich in einem positives Licht darzustellen. Man denke z. B. an den Maler Le Brun, den Musiker Lully und den Dichter Molière, die am französischen Hofe den König Ludwig XIV. als „Sonnenkönig" inszenierten und entsprechenden Eindruck bei ihrer Umwelt und Nachwelt hinterlassen haben. Man denke an Bildmotive in Geschäftsberichten: Bilder von Tieren und Pflanzen versinnbildlichen ökologische Verantwortung, Menschen im Dialog oder in Beratungssituationen Menschlichkeit und Kundennähe, Bankfassaden Kompetenz und Tradition, internationale Börsen Internationalität und Bilder von Kunst oder Sport gesellschaftliche Verantwortung. Man denke daran, wie Führungskräfte, die in Science-Fiktion-Filmen gezeigte Gefühlswelt von Romantik und Abenteuer auf ihre Firmen projizieren: Unternehmen heißen „Enterprises", Unternehmensziele heißen „Missionen" und „Visionen"; Enron etwa lehnte die Namen von Offshore-Firmen auffällig oft an den Film „Krieg der Sterne" an – Jedi Capital, Obi-1 Holding oder Kenobe Incorporated. Man denke auch an Körperhaltung, Mimik, Gestik, Raumnutzungsverhalten, Gewicht, Größe, Kleidung, Schmuck, Auto, Haus/Wohnung (Stadtteil), Büro-Ausstattung, Logo, Farbe oder körperliche Berührungen. Ein amerikanischer Präsident z. B. versuchte „locker", „witzig" und „menschlich" zu erscheinen, indem er den Gesprächspartnern die Hand aufs Knie drückte oder auf deren Schulter klopfte und mit dem Finger in den Magen stupste (vgl. MUMMENDEY, 1995, S. 201).

Entscheidend sind bei all diesen Selbstdarstellungen die Selbstkonzepte oder Selbstbeschreibungen der Betroffenen. Sie sind Antworten auf die von jedem Menschen und jeder Organisation selbst gestellte Kernfrage:

„Wie will/wollen ich/wir von anderen wahrgenommen werden?"

Selbstkonzepte gehen aus eigenen Wünschen und Vorstellungen hervor, vor allem aber auch aus Wechselwirkungen zwischen Eigenwahrnehmung und Fremdbeurteilungen. Wenn Menschen bestimmte Eindrücke bei anderen wecken, nehmen sie anschließend deren Reaktionen wahr, integrieren sie in ihr Selbstkonzept und passen ihre Selbstinszenierung an dieses modifizierte Selbstkonzept an. Impression Management ist also ein Alltagsphänomen, das bewusst oder unbewusst immer am Werk ist: *Menschen erfinden sich täglich neu. Wir können in verschiedenen Lebenssituationen in die unterschiedlichsten Rollen schlüpfen. Wir thematisieren, ja wir publizieren uns selbst. Die Realität wird zur Inszenierung, die Inszenierung zur Realität.* " (JUNG/VON MATT, 2002, S. 339)

Worte wie „Selbstdarstellung", „Inszenierung" oder „Eindruckssteuerung" rufen natürlich Unbehagen hervor. Sie wecken – ähnlich wie die Begriffe „Image" oder „Imagepflege" – den Verdacht auf Verstellung, Täuschung und Manipulation. Schein und Sein klaffen auseinander und treiben Lügen hervor. Dürfen sich jedoch Unternehmen, die auf Offenheit, Transparenz oder Dialog setzen – und das tun ja alle – dieser unstatthaften Mechanismen bedienen, um womöglich Trugbilder von sich zu erzeugen und ihre Anspruchsgruppen in die Irre zu führen? Laufen sie nicht Gefahr, als unredlich, verlogen oder lügnerisch entlarvt zu werden?

Diese Fragen sind berechtigt und dürfen nicht ausgeblendet werden. Doch sind Phänomene wie „Impression Management" , „Selbstdarstellung" oder „Inszenierung" primär alltägliche und oft ungeplant vollzogene Handlungen, welche an sich weder ethisch noch unethisch, weder gut noch böse sind. Erst der Missbrauch führt zu verwerflichen Handlungen, die getadelt und gerügt werden sollten. Es wäre auch kurzsichtig, den eigenen Ruf durch täuschende Selbstdarstellungen positiv beeinflussen zu wollen, denn solche Inszenierungen würden nur über längere Zeiträume die erwünschte Wirkung entfalten. Faktisch kann aber ein solcher manipulativer Dauerzustand kaum aufrechterhalten bleiben. Deshalb würde der Schuss sehr leicht nach hinten losgehen und den Ruf eher negativ und dies wiederum für längere Zeit prägen. In der Tat ist es leicht, den eigenen guten Ruf zu zerstören, aber schwer, ihn wieder herzustellen.

Das, was für Personen gilt, ist auch für Unternehmen gültig. *Posner* behauptet zu Recht: *„... die Präsentation von Inhalten ist immer mit Selbstdarstellung verbunden. Selbstdarstellung ist keine besondere Form von Eitelkeit. Im Gegenteil! Wir können gar nicht anders, als uns selbst darzustellen. Im Privatleben genauso wie im Unternehmen. Ob unbewusst oder bewusst. Konsequent ausgerichtet, schafft sie Identität und Vertrauen, stabilisiert nach innen und grenzt gleichzeitig nach außen ab. Strategisch genutzt, heißt sie Impression Management, nicht zu verwechseln mit Eindruck-Schinden. Selbstverständlich muss Unternehmenskommunikation Impression Management betreiben. Es wäre grob fahrlässig, dies nicht zu tun."* (POSNER/POSNER-LANDSCH, 2000, S. 299) Ähnlich äußert sich auch *van Riel: „Impression Management is the company's policy of presenting itself to target groups in such a way as to evoke in them a favourable picture [image] or to avoid an unfavourable picture."* (VAN RIEL, 1995, S. 96) *Bromely* setzt Impression Management sogar mit PR gleich – der Unterschied bestehe nur darin, dass PR unternehmensbezogen und Impression Management personenbezogen sei (vgl. BROMLEY, 1993, S. 120).

Bei Impression Management kann man jedoch kaum nach dem Ursache-Wirkung-Schema vorgehen. Ein Wort, eine Handlung, eine Farbe oder eine Gestik führt nicht immer und überall zwangsläufig zu demselben Eindruck. Erstens, weil jede Handlung, sei sie sprachlich oder paralinguistisch, mehr als eine Deutung zulässt und zweitens, weil jede Ursache in einem Kontext steht, der die Schlussfolgerungen oder Deutungen bestimmt – manchmal mehr, manchmal weniger. Monokausale Erklärungen greifen zu kurz. Entscheidend ist der Gesamteindruck, welcher, als Ganzes, getreu einem alten hermeneutischen Grundsatz, mehr ist als die Summe einzelner Eindrücke. Das mag die bewusste Steuerung der Kommunikation erschweren und die Handhabung von Eindrücken in ein risikoreiches Unterfangen verwandeln, dennoch vermögen wir uns diesem Risiko nicht zu entziehen. Wir müssen lernen, damit umzugehen.

2.2   IM-Techniken

IM-Strategien und IM-Taktiken

Tedeschi unterscheidet zwischen Eindrücken, die er **IM-Strategien** nennt, wie „Attraktivität", „Status", „Glaubwürdigkeit", „Vertrauen", „Offenheit", „Abhängigkeit", „Schwäche" und „self-handicapping", und **IM-Taktiken,** welche Verhaltensweisen beschreiben, die zu den genannten Eindrücken führen. Gängige Taktiken sind zum Beispiel „Anbiederung", „Entschuldigung" oder „Rechtfertigung" (vgl. TEDESCHI, 1981, S. 135).

IM-Strategien sind in der Regel langfristig angelegte und situationsunabhängige Ziele, während IM-Taktiken auf kurzfristige und situationsabhängige Verhaltensweisen hinweisen (TEDESCHI, 1981, S. 135). Beide teilen sich in assertive oder defensive Strategien bzw. Taktiken auf und verlangen entweder als Durchsetzungstechniken aktiv nach Belohnung, Zuspruch, positiver Beurteilung usw. oder verteidigen bzw. schützen die Identität der Personen und Organisationen. Daraus ergibt sich folgende allgemeine Einteilung (vgl. TEDESCHI, 1981, S. 137):

- assertive IM-Strategien
- assertive IM-Taktiken
- defensive IM-Strategien
- defensive IM-Taktiken

Mummendey zieht es vor, von positiven und negativen **IM-Techniken** zu sprechen, weil erstens die obige Einteilung keine eindeutige Zuordnung von Strategie und Taktik zulässt (vgl. MUMMENDEY, 1995, S. 140) und zweitens die Strategien mit Zielen verwechselt. Ruft „Anbiederung" den Eindruck „Schwäche" hervor? Führen „Entschuldigungen" unweigerlich zum Eindruck „Offenheit"? Erzeugt „Rechtfertigung" den Eindruck „Status"? Nach *Mummendey* entsprechen die positiven IM-Techniken den assertiven IM-Strategien bzw. IM-Taktiken und die negativen IM-Techniken den defensiven. Ganz allgemein gilt, dass negative IM-Techniken meistens bei Krisen und Misserfolgen angewandt werden, während positive IM-Techniken Kompetenz, Glaubwürdigkeit und Offenheit betonen. Nach dieser Zuordnung ergibt sich folgende Taxonomie:

Tabelle 1: IM-Taxonomie

	Assertiv Positive IM-Techniken	Defensiv Negative IM-Techniken
aktisch	*ingratiation* (man biedert sich an oder schmeichelt sich ein) *self-promotion* (man weist auf eigene Vorzüge hin) *exemplification* (man stellt sich als beispielhaft dar) *intimidation* (man schüchtert andere ein) *supplication* (man präsentiert sich als hilfsbedürftig) *entitlement* (man signalisiert gehobene Ansprüche) *enhancement* (man erhöht seinen Selbstwert) *basking* (Aufwertung der eigenen Person über Kontakte zu positiv bewerteten Personen oder Gruppen) *boosting* (man verändert die Bewertung anderer, um selbst im positiven Licht zu erscheinen)	*apology* (Entschuldigung) *justification* (Rechtfertigung) *disclaimer* (man verweist vorsorglich auf schwierige Umstände, um später Verantwortung von sich zu weisen) *defense of innocence* (man streitet die Sache ab) *blasting* (man wertet andere ab) *understatement* (man untertreibt)
rategisch	*attraction* (man präsentiert sich als attraktiv) *prestige, status* (man unterstreicht die Bedeutung der eigenen Person) *credibility* (Glaubwürdigkeit) *trustworthiness* (Vertrauenswürdigkeit) *self-disclosure* (Offenheit)	*dependence* (man präsentiert sich als abhängig von anderen) *weakness* (man unterstreicht seine Schwäche) *self-handicapping* (man stellt sich als beeinträchtigt dar)

Die sprachliche Umsetzung einiger dieser Techniken könnte wie folgt lauten:

Tabelle 2: Sprachliche Umsetzung von IM-Techniken

IM-Techniken	Beispiele
Sich beliebt machen (ingratiation)	„Wissen Sie, wenn Sie, Herr Appel, Sie sind doch, wie ich auch in diesem Feld, und Sie alle, wir sind doch alte Fuhrmänner."
Sich als kompetent darstellen (self-promotion)	„Ich glaube, dass ich sehr schnell politische Situationen analysieren kann, und ich glaube, dass ich sehr früh erkenne, wie man auf sie reagieren muss."
Sich als Vorbild darstellen (exemplification)	„Ich will jedenfalls alles tun, damit ein Wahlkampf ein Wettbewerb um Entwürfe und um Ideen ist und nicht ein Kampf gegen Personen."
Andere einschüchtern (intimidation)	„Ich muss bestimmten Gruppen, die in einer für mich unakzeptablen Weise ihre egoistischen Partikularinteressen gegenüber dem Gemeinwohl zu stark betonen, gelegentlich auf den Fuß treten."
Sich als hilfsbedürftig darstellen (supplication)	„Es kommt auf jede Stimme an."
Verteidigung der Unschuld (defense of innocence)	„Ich bin nicht bestechlich, habe mich nie bestechen lassen. Jeder, der mich kennt, weiß es."
Ausreden (explanation)	„Möglicherweise war die äußerste Beanspruchung terminlicher und arbeitsmäßiger Art, der ich im Februar und März unterlag, ein Grund für eine nicht hinreichende Aufmerksamkeit."
Rechtfertigung (justification)	„… weil ich es für selbstverständlich erachte, dass ich jede Möglichkeit ergreife, um zu Investitionen in der Bundesrepublik zu ermuntern."

(vgl. JONES/PITTMANN, S. 48–51)

Die vorerwähnten Taktiken und Strategien treten nicht einzeln auf. Oft fügen sie sich aneinander, bauen aufeinander auf und bilden Sequenzen. Zum Beispiel:

ingratiation + self-promotion + exemplification

[zunächst sich anbiedern (ingratiation), dann die eigenen Vorzüge hervorheben (self-promotion) und sich schließlich vorbildlich darstellen (exemplification)]

Ähnliche Verkettungen treffen wir auch oft in Reden. Die Regierungserklärung von Bundeskanzler *Gerhard Schröder* am 14. März 2003 vor dem Deutschen Bundestag enthält folgende Sätze:

1. Beispiel

> *„(1) In der Verantwortung für die Zukunft unseres Landes habe ich der Regierungserklärung ein doppeltes Motto vorangestellt. Es beschreibt, worum es heute geht: Mut zum Frieden und Mut zur Veränderung …*
>
> *(2) Die Lage … ist international wie national äußerst angespannt. Die Krise um den Irak belastet weltweit die ohnehin labile Konjunktur."*

Der Satz 1 signalisiert hohe Ansprüche („entitelments"): Mut zum Frieden und Mut zur Veränderung.

Der Satz 2 („disclaimers") weist auf mögliche Schwierigkeiten hin (angespannte internationale und nationale Lage), welche das Handeln der Bundesregierung erschweren könnten.

2. Beispiel

> *„(1) Um in Europa eine führende Position einnehmen zu können, haben wir gemeinsam mit Frankreich und Großbritannien für die beiden bevorstehenden Gipfel in Brüssel und Athen Vorschläge für eine europäische Industriepolitik erarbeitet.*
>
> *(2) Mit diesen Vorschlägen wollen wir dafür sorgen, dass zum Beispiel die Schiffbau- und die Chemieindustrie auch in Europa eine Zukunft haben. Denn die Industrie ist … das Fundament unserer Wirtschaft."*

Der Satz 1 erwähnt Deutschland neben Frankreich und Großbritannien („basking").

Der Satz 2 signalisiert erneut hohe Ansprüche („entitelments"), welche ihrerseits das Ansehen von diesen drei Ländern stärken soll.

Doch wirft die obige Taxonomie drei Probleme auf:

a) Aufstellung einer Zweck-Mittel-Hierarchie
Eindeutige Zweck-Mittel-Hierarchien können nicht festgemacht werden. Wenn man z. B. „Glaubwürdigkeit" und „Kompetenz" zu strategischen Zielen erklärt, ist aus dieser Abbildung (Abbildung 1) nicht die dazugehörige Taktik ersichtlich. Dasselbe gilt auch für alle anderen Techniken. Eine mögliche Zuordnung für „Kompetenz" und „Glaubwürdigkeit" könnte wie folgt aussehen:

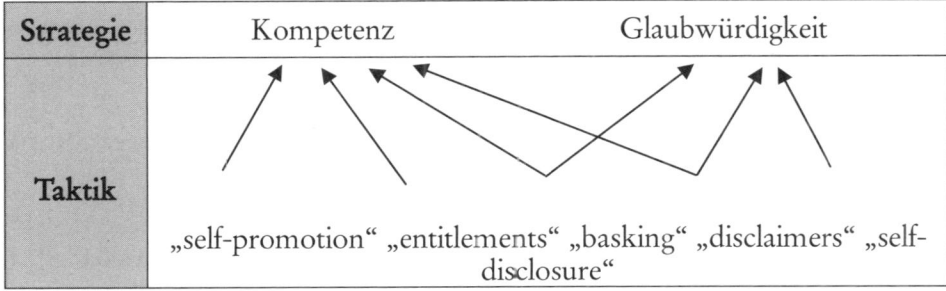

Strategie	Kompetenz	Glaubwürdigkeit
Taktik	„self-promotion" „entitlements" „basking" „disclaimers" „self-disclosure"	

Abbildung 3: Zuordnung von Strategien und Taktiken

Ein Vorschlag für „Offenheit" und „Attraktivität" könnte lauten:

Strategie	Offenheit	Attraktivität
Taktik	„Apology"	„basking", „boosting"

Abbildung 4: Zuordnung von Strategien und Taktiken

Diese beiden umrisshaften Vorschläge verdeutlichen, wie Taktiken bzw. Techniken nicht nur einen Eindruck, sondern gleich mehrere Eindrücke erzeugen können, d. h. mehrere Interpretationen ermöglichen. Wer sich z. B. im Falle „basking" mit positiv besetzten Namen in Verbindung bringt, kann zwar Kompetenz oder Glaubwürdigkeit ausstrahlen, aber auch „Attraktivität", im besten Fall, oder „Anbiederei", im schlimmsten Fall. Diese Schaubilder zeigen auch, dass es Taktiken gibt, die hier noch nicht erfasst sind (für „Offenheit" wäre zum Beispiel „Selbstkritik" ein geeignetes Verhalten). Unberücksichtigt bleiben auch unzählige Eindrücke, wie „locker", „fair", „tolerant", „humorvoll" usw.

Die oberen Taktiken rufen ferner nicht jeden erdenklichen Eindruck hervor. Sie führen auch nicht monokausal zu einem einzigen Eindruck (vgl. oben), wohl aber bergen sie die Möglichkeit und teilweise das Risiko in sich, andere, sogar entgegengesetzte, unerwünschte bzw. Risiko-Eindrücke zu erzeugen. Daran erkennen wir, wie offen, kontextabhängig und manchmal sogar widersprüchlich Deutungen sein können. Deshalb gehört Risikoabschätzung unzertrennlich zur Handhabung von Eindrücken – ein Aspekt, der in die Theorie des Impression Management noch keinen Eingang gefunden hat.

Die nachstehende Tabelle 3 zeigt in einer Gesamtschau, welche Verhaltensweisen den vorerwähnten Techniken zugrunde liegen und welche angestrebten wie unerwünschten Eindrücke solche Verhaltensweisen auslösen können (vgl. Jones/Pittmann, 1982):

Tabelle 3: IM-Techniken, Eindrücke, Verhaltensweisen

IM-Techniken	Angestrebter Eindruck	Risiko-Eindruck	Prototypisches Verhalten
Sich beliebt machen (ingratiation)	sympathisch, liebenswert	kriecherisch, unterwürfig	Meinungskonformität, Lob, Schmeicheln
Sich als kompetent darstellen (selfpromotion)	kompetent, effektiv	eingebildet, angeberisch	eigene Leistungen und Fähigkeiten herausstellen
Sich als Vorbild darstellen (exemplification)	moralisch überlegen, vorbildlich	Scheinheilig	Selbstverleugnung, Helfen
Andere einschüchtern (intimidation)	gefährlich, stark	kraftlos, großmäulig	drohen, Ärger zeigen
Sich als hilfsbedürftig darstellen (supplication)	hilflos, behindert	faul	Selbstabwertung, Hilfegesuche
Verteidigung der Unschuld (defense of innocence)	glaubwürdig, Opfer	uneinsichtig, stur	Leugnung von Taten und Behauptungen
Ausreden (explanation)	Opfer	unverantwortlich	Umstände für negative Ereignisse verantwortlich machen
Rechtfertigung (justification)	mutig, zielbewusst	selbstherrlich, hochmutig	das Wohl der Allgemeinheit betonen, höherrangige Ziele angeben

(vgl. Jones/Pittmann, S. 47)

b) Taktik oder Strategie?

Über uneindeutige Zuordnungen haben wir schon gesprochen. Doch eine weitere Unzulänglichkeit springt hier ebenfalls ins Auge. Während oben „ingradiation" als Taktik gilt, geht aus dieser Tabelle hervor, wie diese Taktik auch als Strategie fungieren und andere, bislang unerwähnte Taktiken nach sich ziehen kann, wie „Konformität", „Lob" oder „Schmeichelei" etc. Dasselbe gilt zum Beispiel auch für den Eindruck „Einschüchterung" als Strategie und „Ärger zeigen" als Taktik. Unabhängig davon, ob es sich um Taktiken oder Strategien handelt, ob bestimmte Eindrücke in der Taxonomie erfasst sind oder nicht, zeigt die Theorie des Impression Management, dass erwünschte Eindrücke trotz möglicher Risiken, mittels bestimmter, hier sprachlicher Handlungen erzeugt werden können. Allgemeingültige Handlungsanweisungen gibt es aber nicht. Die obigen Hinweise bieten nur eine erste Orientierung.

Die richtige Handhabung von Eindrücken kommt ohne Berücksichtigung von Ersteindrücken und Letzteindrücken nicht aus. Denn diese heben sich von allen anderen ab und bestimmen die Gesamtwahrnehmung von Menschen und Organisationen.

2.3   Ersteindruck

Der Ersteindruck ist allgemein und bezieht sich auf beliebige Gegenstände: Menschen, Bauten, Landschaften, Kunstwerke usw. Er bietet eine erste Orientierung in einer zunächst unstrukturierten Umwelt und bestimmt unsere selektive Wahrnehmung, der die selektive Zuwendung vorausgeht und die selektive Erinnerung nachfolgt. Das entscheidende Element bei der selektiven Zuwendung ist die Aufmerksamkeit, welche Ersteindrücke überhaupt ermöglicht. Bei Reden könnte den Ersteindruck die Kleidung des Redners bilden, oder die Art, wie er zum Rednerpult tritt, die Mimik und Gestik oder seine ersten Worte.

Durch den Ersteindruck strukturieren wir unsere chaotische Umwelt, mindern ihre Komplexität und erlangen Sicherheit. Zum Beispiel ist eine Bewerbungsmappe alleine imstande, den Gang eines ganzen Bewerbungsgesprächs und die darauf folgende Entscheidungsfindung zu bestimmen. Dabei schlussfolgern wir von einem Minimum an Informationen, die wir durch den Ersteindruck erhalten (z. B. Bewerbungsmappe), auf ein Maximum an Konsequenzen (Persönlichkeit des Kandidaten). Nehmen wir einen Redner als „sauber" (Minimum an Information) wahr, schreiben wir ihm auch Attribute wie „Ordnung", „Anstand", „Gewissenhaftigkeit" (Maximum an Konsequenzen) zu. Den Ersteindruck halten wir für richtig, schließen entgegengesetzte Eindrücke aus und suchen immer nach Bestätigung für unseren ersten Eindruck. Ersteindrücke errichten dadurch „Schwellen" (sauber), an denen entgegengesetzte Eindrücke (schlecht rasiert) abprallen. Aber wie weit (Stärke) und wie lange (Dauer) Schwellen gegenteiligen Meinungen oder Eindrücken standzuhalten vermögen, ist situationsbedingt und schwer vorhersehbar. Doch die Stärkung bzw. Schwächung von „Schwellen" bleibt eine Kernaufgabe des Redemanagements, denn sie schaffen und verfestigen Vorurteile, Stereotypen, Einstellungen usw.

Der Ersteindruck ist auch wertbehaftet: Er verursacht entweder Zustimmung oder Ablehnung, Sympathie oder Antipathie. Deshalb ist er auch verhaltenswirksam. Zusammenfassend lassen sich drei Eigenschaften von Eindrükken feststellen:

- Ersteindrücke sind „richtig" (vom Wahrnehmenden für „richtig" gehalten).

- Ersteindrücke sind verhaltenswirksam.

- Ersteindrücke errichten „Schwellen", indem sie als „Anker" zur allgemeinen Orientierung fungieren.

2.4 Letzteindruck

Neben dem Ersteindruck kommt auch dem Letzteindruck eine wichtige Bedeutung zu. Während beim Ersteindruck ein „primacy-Effekt" am Werke ist, und das Erste als Anker für Wahrnehmung dient, greift beim Letzteindruck der „recency-Effekt" oder „Neuheitseffekt". Das Verhältnis von primacy-Effekt und recency-Effekt entscheidet oft über Erfolg und Misserfolg von Überzeugungsprozessen. Fragen wie:

- „Sollen in der Rede Gegenargumente erwähnt und entkräftet werden?",

- „Wie sollen Argumente in der Rede aneinandergereiht werden?",

- „Wer hat den größeren Einfluss? Die Person, die zuerst spricht oder die, die zuletzt spricht?",

können nur durch die Zuordnung von Erst- und Letzteindrücken beantwortet werden (vgl. BIERHOFF, 2002, S. 52 f.). Folgende Kriterien bieten brauchbare Hinweise, wie Eindrücke besser miteinander kombiniert werden können:

- Informationsstand
  Je mehr Personen mit einem Thema vertraut sind, umso wichtiger ist der recency-Effekt. Sind sie aber mit dem Thema nicht vertraut, dann greift der primacy-Effekt.

- Aufmerksamkeit
  Der primacy-Effekt bildet einen Aufmerksamkeitsanker, wie Überschriften oder Fotos in Zeitungen; ähnlich verhält es sich bei Abläufen wie z.

B. Reden. Der Anfang löst meistens den primacy-Effekt aus; im Laufe der Zeit nimmt die Aufmerksamkeit ab, und gelingt es dem Redner nicht, den Schluss spannend zu gestalten, verpufft jeglicher recency-Effekt.

- Zeit
Ist der zeitliche Abstand zwischen den Eindrücken groß, dann greift der recency-Effekt. Folgen die Ereignisse aufeinander, dann kommt der primacy-Effekt zum Tragen.

2.5   Gesamteindruck

Der Gesamteindruck ist die Verbindung von Eindrücken, deren Sequenzbildung bestimmten Kriterien unterliegen, die im Impression Management berücksichtigt werden sollten (vgl. FORGAS, 1999, S. 55).

- Zentrale Merkmale – periphäre Merkmale

- Negative Inhalte – positive Inhalte

- Verdichtungen

Zentrale Merkmale – periphäre Merkmale

Solomon Asch hat die These aufgestellt, dass bei Wahrnehmungen nur bestimmte Merkmale des wahrgenommenen Gegenstandes zentrale Rollen spielen, und anderen eher periphärische Bedeutung zukommt. Seine These hat *Asch* durch folgendes Experiment untermauert. Er legte zwei Gruppen von Probanden eine Liste von Adjektiven vor, die eine Person beschreiben. Nun sollten die Probanden auf einer zweiten Liste ihre Eindrücke von der Person niederschreiben. Die erste Gruppe erhielt die Adjektive „intelligent“, „fähig“, „fleißig“, „herzlich“, „entschlossen“, „praktisch“ und „vorsichtig“. Die zweite Gruppe bekam zwar dieselbe Liste, das Adjektiv „herzlich“ aber wurde durch „kühl“ ersetzt. Diese kleine Veränderung beeinflusste die Probanden stark. Wer das Adjektiv „herzlich“ gelesen hatte, beschrieb die Person als großzügig, weise, glücklich, beliebt, gesellig usw. Wer hingegen das Adjektiv „kühl“ vor sich hatte, schätzte die Versuchsperson eher negativ ein. Bei einem weiteren Experiment hat *Asch* die Adjektive „höflich“ und „ungehobelt“ verändert. Die Wirkung auf die Probanden war gering. Aus diesen Experimenten folgerte er, dass es bei Wahrnehmungen zentrale Merkmale gibt, die Kristallisationspunkte bilden und die ganzheitliche Eindrucksbildung beeinflussen („herzlich“, „kühl“), periphäre Merkmale dagegen bleiben unwirksam („höflich“, „ungehobelt“). Was nun zum zentralen Merkmal und was zum periphärischen Merkmal vorrückt, ist vom Kontext und von den Wissensbeständen der wahrnehmenden Personen abhängig. In Reden soll die Botschaft der Rede so in den Redetext eingeflochten sein, dass sie das zentrale Merkmal bildet. Rückt sie dagegen in die Periphäre, verfehlt die Rede ihren Zweck.

Negative Inhalte – positive Inhalte

Der negative und positive Inhalt der Eindrücke beeinflusst ebenfalls die Eindrucksbildung. Dabei fallen negative Inhalte eher ins Gewicht als positive. Während diese unseren Erwartungen entsprechen und als selbstverständlich gelten, widersprechen jene sozial akzeptierten Normen und erregen Aufsehen (vgl. FORGAS, 1999, S. 68).

Verdichtungen

Die Abfolge von Eindrücken bedarf einer eigenen Dramaturgie, deren Drehbuch meistens neben zentralen und periphären Merkmalen, negativen und positiven Inhalten auch Verdichtungen enthält (vgl. CHASE/DASU, 2001, S. 89):

- Pein und Vergnügen
- Hoch- und Tiefpunkte
- Ausgang des Ganzen

„Pein und Vergnügen" fassen zusammen, was wir als Enttäuschung und Ärger oder Erfüllung und Freude empfinden; „Hoch- und Tiefpunkte" bezeichnen die Verteilung und Fokussierung bestimmter Inhalte, Botschaften und Akte wie Grußworte, Entschuldigungen, Preisverleihungen und sonstige „Highlights"; „Ausgang des Ganzen" ist der Letzteindruck dieser Abfolge, der „Tiefpunkt", im schlimmsten Fall, und der „Höhepunkt", im besten Fall, nach dem Motto: Ende gut, alles gut. Darauf zu achten empfiehlt sich insbesondere bei großen Veranstaltungen, die außer der Rede andere „Highlights" beinhalten.

Bei sequenziellen Einheiten und deren Verdichtungen spielt die Zeit oder noch präziser das Zeitempfinden der Anspruchsgruppen eine maßgebliche Rolle – nicht die physikalische „Uhr-Zeit", sondern die biologische bzw. „psychische Zeit". Denn Empfindungen wie „Langeweile" oder „Spannung" (wichtige Erfolgs- oder Misserfolgskriterien bei Events) sind letztlich nur Zeitphänomene und bedürfen einer bewussten Handhabung. Wird z. B. bei einem „Event" (als eine Art von „Episode") die Zahl seiner einzelnen „Etappen" erhöht, so wird seine Dauer als länger empfunden. Erweisen sich zudem einige dieser „Etappen" als lästig, wird das Ganze als unangenehm empfunden. Daher lautet eine generelle Empfehlung: Das Unangenehme zusammenfassen und das Angenehme verteilen. Bei Handelsmessen können z. B. langweilige Formalitäten in einem Schritt zusammengefasst werden (Anmeldung über Internet), damit die Gäste bei ihrer Ankunft lediglich einen

Anstecker, programmiert mit ihren persönlichen Daten, bekommen und Wartezeiten, Eintragungen in Besucherlisten, Austausch von Visitenkarten usw. entfallen. Setzt man zum Abschluss der Messe auch noch einen Höhepunkt, dann bleibt diese Ereignisabfolge in guter Erinnerung, und die Teilnehmer werden sich immer an eine erfolgreiche Veranstaltung erinnern (vgl. SCHNABEL/SENKTER, 2000, S. 177 ff.). In Reden kann die Verkündung schlechter Nachrichten ein Punkt sein.

2.6 „Vertrauenswürdigkeit" als Eindruck

Unter den von *Tedeschi* erwähnten strategischen Zielen kommt einem Eindruck im Zusammenhang mit Reden eine eminente Bedeutung zu: „Vertrauenswürdigkeit". Vertrauen verleiht jeder Rede Überzeugungskraft. Fassen die Zuhörer/innen Vertrauen zum Redner, dann sind sie bereit, seine Botschaften zu akzeptieren und sich diese anzueignen.

Aus drei Gründen kommt dem Vertrauen auch in der Kommunikation eine tragende Rolle zu:

* Vertrauen reduziert Komplexität.

* Vertrauen ersetzt mangelnde Informationen.

* Vertrauen erweitert Handlungsmöglichkeiten.

Reduktion von Komplexität

Vertrauen reduziert soziale Komplexität, weil soziale Strukturen „offen", „unendlich" und deshalb kompliziert sind. Die menschliche Freiheit ermöglicht diese Offenheit und lässt unendliche Handlungsmöglichkeiten zu, welche soziale Strukturen in komplexe Gebilde verwandeln. Um uns zu orientieren, müssen wir diese Komplexität vereinfachen.[1] Durch Generalisierung und Selektion gelingt es uns, eindeutige Rahmen zu schaffen, innerhalb derer unsere Handlungen und Entscheidungen Sinn und Bedeutung erlangen. Vertrauen leistet diese Reduktion, denn sie stellt sicher, dass vertrauenswürdige Personen und Organisationen aus vielen Möglichkeiten, die ihnen zur Verfügung stehen, nur die eine wählen, welche das Vertrauen rechtfertigt. Dadurch

---

[1] HOLGER JUNG und JEAN-REMY VON MATT weisen darauf hin, dass die Wahrnehmung angesichts zunehmender Komplexität längst eine Evolution durchlaufen hat und Verbraucher daraus ihre Konsequenzen gezogen haben: Sie sind nicht mehr Opfer von Informationsflut, sondern „souveräner Herr", der zwischen Kommunikationsangeboten auswählen kann. *„Die Zukunft der Werbung wird dadurch bestimmt, dass Medienkonsum immer freiwilliger wird. Und genau das ist das neue Problem der Werbung."* (JUNG/VON MATT, 2002, S. 8–9)

werden opportunistische Handlungen ausgeschlossen, und die Zukunft kann vorweggenommen werden. „*Wer Vertrauen erweist, nimmt Zukunft vorweg. Er handelt so, als ob er der Zukunft sicher wäre.*" (LUHMANN, 2000, S. 8) Wenn einem Menschen Vertrauen entgegengebracht wird, dann geht man davon aus, dass er sich in Zukunft genauso verhalten wird wie in der Vergangenheit, aus deren Beobachtung man das Vertrauen geschöpft hat. Vertrauen stiftet Ordnung, Chaos hingegen löst Misstrauen aus – bei Menschen genauso wie bei Organisationen bzw. Unternehmen.

Ersatz für mangelnde Informationen

Indem Vertrauen die Zukunft vorwegnimmt, ersetzt es fehlende Informationen über den tatsächlichen Eintritt voraussagbarer Handlungen oder Entscheidungen. Anhaltspunkte bzw. Signale werden gesucht, um dieses Vertrauen zu rechtfertigen. Gelingt es, solche Signale rechtzeitig auszusenden, bestätigt sich das Vertrauen. Dies ist umso wichtiger, als Arbeitsteilung immer auch Informationsasymmetrie mit sich bringt, die zu Diskontinuitäten im System, also im Unternehmen, und zwischen System und Umwelt, also zwischen Unternehmen und ihren Anspruchsgruppen, führt. Komplexität, Ambiguität und Unsicherheit sind die Folgen. Vertrauen gleicht diese Asymmetrie aus, indem es einerseits die Beziehungen im System und andererseits zwischen System und Umwelt tangiert, den Umgang mit Mehrdeutigkeiten erleichtert und Unsicherheiten minimiert.

Vertrauen beruht also letztlich auf Halbwissen: Man ist nie vollständig informiert und nie ganz unwissend – Führungskräfte ebenso wie Mitarbeiter/innen und Anspruchsgruppen. Sowohl über die „Innenwelt" des Unternehmens als auch über „Außenwelt" kann man kaum vollständig informiert sein. Vertrauen springt hier in die Bresche und ersetzt jene Handlungen, die man nicht beobachten kann, und jene Informationen, die man nicht kennen kann. So gewinnen Unternehmen Zeit, sparen Informations- und Kontrollkosten und schonen Ressourcen. Dieses Halbwissen kann nicht mit Erfolgsgeschichten (in Reden, Geschäftsberichten, Broschüren, Pressemitteilungen usw.) allein vervollständigt werden, denn „*Vertrauen erwirbt sich ein Unternehmen nicht nur durch Übereinstimmung von Leistungsversprechen und Leistungserfolg („Zuverlässigkeit"), sondern auch durch die Bereitschaft, über seine Ziele, Strategien, seine Ressourcen und über das aktuelle Unternehmensgeschehen, vielleicht sogar über seine Schwächen Auskunft zu geben, sodass sich alle am Unternehmen Interessierten einen Einblick, eine Meinung, ein ,Bild' von der zukünftigen Entwicklung machen können*" (CONRADI, 1995, S. 197). Diesen Aspekt nennen wir Offenheit, die die Grundlage von Vertrauen bildet. Wenn z. B. Aktionärsbriefe der DAX-Unternehmen nur noch von Erfolgen berichten, wenn sie eine mit Superlativen angereichte Sprache, wie „*Uran zum Gebrauch in Kernkraftwerken*', verwenden, dann tragen sie wenig zur Bildung von Vertrauen bei (PIWINGER/EBERT, 2001).

Erweiterung von Handlungsmöglichkeiten

Vertrauen erweitert auch die Handlungsmöglichkeiten dessen, dem Vertrauen entgegengebracht wird. Scherze, Schroffheiten, Abkürzungen, heikle Themen dürfen ausgesprochen werden. In einem anderen sozialen Rahmen, in dem Misstrauen herrscht, wären sie nicht angemessen und würden zu Skandalen führen. Auch Organisationen und Unternehmen können dadurch ihre Spielräume erweitern, ohne Angst vor negativen Deutungen haben zu müssen. Experimente finden fruchtbaren Boden, Kreativität setzt neue Potenziale frei und Neupositionierungen können gelassener vorgenommen werden. Im Vertrauen dominiert die Geschichte, die Vergangenheit, welche einfach, definiert und abgeschlossen ist. Diese dient immer als Gewähr für die Zukunft. Das Neue (Produkt, Handlung, Person, Verhalten, Kultur usw.) muss daher, wenn die Vergangenheit durch Vertrauen geprägt ist, als Fortsetzung des Alten erscheinen. Eine Ausprägung des Alten ist die Geschichte. Die Zunahme ahistorischer PR-Maßnahmen beklagt deshalb *Eugen Buß*, weil diese den historischen Kern ihrer Organisationen ausblenden und ihn einer fernsehgerechten „beautification" opfern (vgl. BUSS, 2000, S. 95). Folgerichtig plädiert er für „*historische PR-Maßnahmen*", die für Image unerlässlich sind. Seine Empfehlung lautet daher: „*Organisationen haben die Aufgabe, ihre eigene Geschichte immer wieder lebendig zu machen.*" (BUSS, 2000, S. 93) Gründungsgeschichten, interessante Lebensläufe von Mitarbeitern, Erfolgsgeschichten, die Lebensgeschichte eines Vorbildes (des Gründers) gehören ebenso dazu wie historische Zäsuren und Mythen, die sich um Personen oder Produkte ranken. Hier tut sich ein weites Feld für das Redemanagement auf.

2.7 Vertrauen und Rede

Wie können nun Reden, unabhängig vom Anlass und Inhalt, Vertrauen ausstrahlen? Einen erschöpfenden Katalog von Einzeltaktiken gibt es nicht. Doch die vom amerikanischen Philosophieprofessor *Paul Grice* (1913–1988) erarbeiteten Konversationsmaximen für Kommunikation im Allgemeinen steigern die Wahrscheinlichkeit, dass der Redner oder die Rednerin als vertrauenswürdig wahrgenommen wird.

Er ging von der Grundidee aus, Kommunikation sei ein kooperatives Handeln. In der Kommunikation gehe es darum, Verständigung zu erreichen, ohne zwangsläufig Einverständnis zu erzielen. Um dieses Ziel sicherzustellen, arbeitete er vier Prinzipien heraus, die er als Konversationsmaximen folgendermaßen formulierte (GRICE, 1980):

A. die Maxime der **Quantität**

1. Der Beitrag zur Konversation sollte *so informativ sein wie möglich* – je nach Absicht des Informationsaustauschs.

2. Der Beitrag sollte *nicht zu informativ* werden, da Zeit verschwendet und Verwirrung gestiftet werden könnten.

B. die Maxime der **Qualität**

3. Der Beitrag zur Konversation muss *wahr* sein.

4. Es sollte niemals etwas gesagt werden, von dem man denkt, dass es falsch ist oder für das man keine Beweise erbringt.

C. die Maxime der **Relation**

5. Jeder Beitrag sollte *relevant zur Konversation* sein!

D. die Maxime der **Modalität**

6. Mehrdeutigkeiten und Unklarheiten vermeiden!

7. Den Beitrag kurz und bündig halten, nicht abschweifen.

Aus diesen Konversationsmaximen können für unsere Zwecke weitere besondere Taktiken abgeleitet werden:

- Nicht nur Positives verkünden, sondern auch das Negative erwähnen, um Offenheit zu signalisieren.

- Über negative Ereignisse nicht erst dann berichten, wenn sie nicht mehr verschwiegen werden können.

- Schlechte Nachrichten freiwillig berichten und zeigen, dass man daraus Lehren für die Zukunft zu ziehen vermag.

- Keine irrelevanten Details darstellen.

- Weitschweifigkeiten vermeiden.

- Floskelhafte Aussagen vermeiden.

- Superlative nicht häufen.

- Keinen Pathos ohne passenden Anlass an den Tag legen.

- Inhaltlich konsistent bleiben.

Aus sprachlicher Sicht soll nun die allgemeine Theorie des Impression Management um einen weiteren, zweiten Aspekt ergänzt werden, der für unsere Zwecke sehr hilfreich ist und einen neuen Ansatz im Redemanagement darstellt: die Semiometrie.

3. Semiometrie

Die Semiometrie ist ursprünglich zur Bestimmung von Zielgruppen in Marketing, PR, Media-Mix und Werbung entwickelt worden. Der Leitgedanke des semiometrischen Verfahrens lautet: Menschen, Kunden oder Konsumenten treffen ihre Entscheidungen nach Trägern von Werten bzw. Bedeutungen (vgl. GRUNERT, 1994). Werte schaffen Vertrauen und damit Reputation. Dies gilt für Menschen und Organisationen gleichermaßen. Wollen Unternehmen einen guten Ruf aufbauen, so müssen sie ihr Handeln nach den in der Gesellschaft gültigen Werten ausrichten. *Eugen Buß* mahnt daher eine Art Wert-Monitoring an, um festzustellen, zu welchen Werten die Gesellschaft steht, welche Symbole dabei am ehesten verwendet werden und in welchem Kontext gesellschaftlich und medial relevante Themen aufgegriffen werden können (vgl. BUSS, 2000, S. 109).

Zu unterscheiden sind die konkreten Werte, die einem Einzelwesen zukommen, wie einer Gruppe, einer Institution (Frankreich, Kirche, Ehe), von den abstrakten Werten, wie Schönheit, Freiheit oder Gerechtigkeit. Während konkrete Werte sich für konservative Gesellschaften eignen, die entsprechend die Fahne für bestimmte Tugenden wie Treue, Loyalität oder Solidarität hoch halten, entsprechen abstrakte Werte eher jenen gesellschaftlichen Kräften, die auf Wandel und Veränderung setzen.

Buß hat die neuen Wertansprüche der Öffentlichkeit in Deutschland, unabhängig von ihrem konservativen oder liberaleren Zug, wie folgt zusammengefasst (vgl. BUSS, 2000, S. 112):

- „Steigende Bedeutung von Tradition und Regionalität

- Wachsende Bedeutung der Dimension Zeit: Verfügbarkeit von Information, Reaktionsschnelligkeit, Tempobild der Organisation

- Steigende Bedeutung traditioneller „Akzeptanzwerte" wie Korrektheit, Pflichtethos, Seriosität, Solidarität, Leistungsbewusstsein

- Wachsende Bedeutung der Werte Sicherheit, Qualität, Know-how, Kompetenz

- Steigende Bedeutung von Gesundheit, Umwelt, Natur

- Wachsende Bedeutung moralischer Integrität und öffentlichem Verantwortungsbewusstsein

- Steigende Bedeutung einer neuen Art „Vertragsdenken" in der Öffentlichkeit

- Wachsende Bedeutung von Stil-, Respekts- und Habitusfragen

- Steigende Bedeutung von Aktivitäts- und Engagementdimensionen

- Wachsende Bedeutung von Individualismus, Optionsvielfalt, Alternativen, Wahrnehmung von Eigeninteressen zu Lasten von Gemeinschaftsbezügen

- Suche nach Autorität (technische Autorität, Stilautorität, Designautorität, Serviceautorität)"

3.1 Methoden der Positionierung und Zielgruppenbestimmung

Die Einsicht in die Bedeutung des gesellschaftlichen Wertegefüges wirft ein neues Licht auf die Bestimmung von Zielgruppen. Das bislang am häufigsten angewandte Modell der Zielgruppenbestimmung ist die Soziodemografie, welche in Marketing, Werbung und PR genutzt wird. Hier fragt man nach dem „Alter", „Geschlecht", „Einkommen", „Bildung", „Wohnort" usw. Doch sind diese Bestimmungen nicht scharf genug, um Zielgruppen auseinander zu halten. Denn es ist möglich, dass zwei Männer mit derselben Bildung und demselben Einkommen verschiedenes Rasierwasser oder zwei gleich verdienende Frauen verschiedene Lippenstifte kaufen. Weshalb der eine dieses und der andere jenes Rasierwasser oder warum die eine diesen und die andere jenen Lippenstift bevorzugt, kann schwer durch Merkmale wie „Bildung" oder „Einkommen" erklärt werden. Es ist durchaus denkbar, dass gut verdienende und schlecht verdienende Personen dieselben Produkte kaufen und zwei Menschen, die gleich verdienen, verschiedene. „Einkommen" oder „Alter" mögen hilfreiche Kriterien sein, in den seltensten Fällen sind sie aber überzeugende Erklärungen für ein bestimmtes Kaufverhalten.

Es gibt auch weitere Methoden zur Zielgruppenbestimmung mit anderen Schwerpunkten:

- Lebenszyklen
  junge Familie, allein stehende Senioren usw.

- Kaufverhalten
  Trendsetter, Adaptoren usw.

- Persönlichkeitsmerkmale
  Introvertierte, Emotionale usw.

Der werteförmigen Bestimmung von Zielgruppen kommt die Lebensstiltypologie, die so genannte Millieuforschung, näher. Den Ausgangspunkt dieser Methode bildet die Feststellung, dass Menschen verschiedene Lebensstile pflegen: Die einen leben modern, die andere fühlen sich den Traditionen verpflichtet, die nächsten achten auf ihre materielle Sicherheit und andere wiederum zeichnen sich durch ihr extrovertiertes und extravagantes Leben aus. Diese Werte spiegeln sich in ihren Einstellungen zu Arbeit, Familie, Konsum und Medien wider. Die Sinus-Milieus fassen also Menschen nach ihren

Lebensauffassungen und Lebensweisen in zehn Gruppen oder Milieus zusammen:

1. „die Etablierten"
   Hohes Bildungsniveau, hohes Einkommen, Karriere ist wichtig, zeigen hohe Exklusivitätsansprüche, sind affin zu neuen Kommunikationstechnologien

2. „die Postmateriellen"
   Gehobene Einkommen, ihnen sind Selbstverwirklichung und individuelle Räume wichtig, führen ein gesundheitsbewusstes Leben

3. „die modernen Performer"
   Hohes Bildungsniveau, jung, unkonventionelle Leistungselite, sind häufig Selbstständige

4. „die Konservativen"
   Häufig akademische Abschlüsse, gehobene Einkommen, vertreten das Bildungsbürgertum, haben gehobene Umgangsformen

5. „die Traditionsverwurzelten"
   Einfache Bildung, kleine bis mittlere Einkommen, verfechten Werte wie Disziplin, Moral, Pflichterfüllung

6. „die DDR-Nostalgischen"
   Einfache bis hohe Bildung, kleine bis mittlere Einkommen, verklären die Vergangenheit, konzentrieren sich auf Familie und Freunde, betonen die alten sozialistischen Werte und kritisieren den Kapitalismus

7. „die bürgerliche Mitte"
   Mittlere Bildungsabschlüsse, mittlere Einkommen, sie sind statusorientiert, legen Wert auf gesicherte Position, streben nach Harmonie und konfortablem Leben

8. „die Konsum-Materialisten"
   Einfache Bildung, niedrige Einkommen, eingeschränkte berufliche Chancen, in der Freizeit will man Spaß und Action

9. „die Experimentalisten"
   Gehobene Bildungsabschlüsse, hohes Einkommen, wollen ihre Gefühle und Talente ausleben und experimentieren mit Lebensstilen

10. „die Hedonisten"
    Einfache bis mittlere Bildung, kleine Einkommen, leben Hier und Jetzt und konsumieren gerne

3.2   Worte und Werte

Die nächste, wohl präzisere, der Sinus-Milieuforschung ähnliche, aber für uns aufschlussreichere Methode, Zielgruppen nach ihren Wertesystemen zu beschreiben, ist die Semiometrie (vgl. PETRAS/SAMLAND, 2001), welche von TSN Emnid und SevenOne Media entwickelt und regelmäßig angewandt wird. Dieses Verfahren ist für unsere Zwecke deshalb vom Interesse, weil es Wörter als Indikatoren zur Messung von Werten einsetzt. Danach können nicht nur Zielgruppen bestimmt, sondern auch Produkte und Organisationen positioniert und entsprechende Medienstrategien entwickelt werden.

Semiometrie baut auf zeichentheoretischen und kognitionspsychologischen Erkenntnissen auf. Zur Datenerhebung hält TSN Emnid ein repräsentatives Panel. Von jedem Panel-Teilnehmer existiert die Bewertung von 210 Semiometrie-Begriffen. Zielgruppen werden charakterisiert, indem deren Begriffsbewertung mit der Begriffsbewertung der Gegengruppe verglichen und das Ergebnis in eine zweidimensionale Basismappe projiziert wird.

Die Semiometrie-Begriffe bilden den menschlichen Erlebnisraum ab und sind mit kognitiven und emotionalen Komponenten verhaftet:

- Bezeichnungen für Objekte (z. B. „Haus", „Buch")
- Eigenschaften (z. B. „konkret", „wertvoll")
- Tätigkeiten (z. B. „träumen", „Arbeit")
- Gefühle (z. B. „Misstrauen", „Fröhlichkeit")
- kulturelle Konzepte (z. B. „Regel", „Abenteuer")

Eine Faktorenanalyse führt dann zu den beiden Werte-Achsen „Sozialität – Individualität" einerseits und „Pflicht – Lebensfreude" andererseits, welche den semantischen Positionierungsraum abstecken:

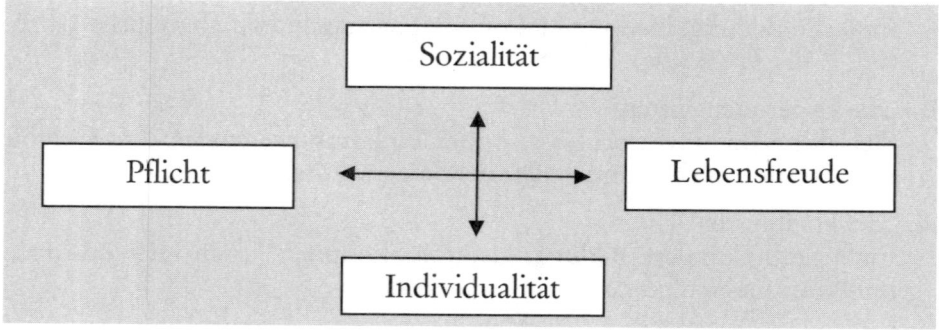

Abbildung 5: Die Semantische Positionierung, die Grundstruktur

Quelle: TNS Infratest

48

Durch die Rotation dieser Achsen ergibt sich ein semiometrisches Basismapping mit 210 Begriffen (vgl. Anhang I):

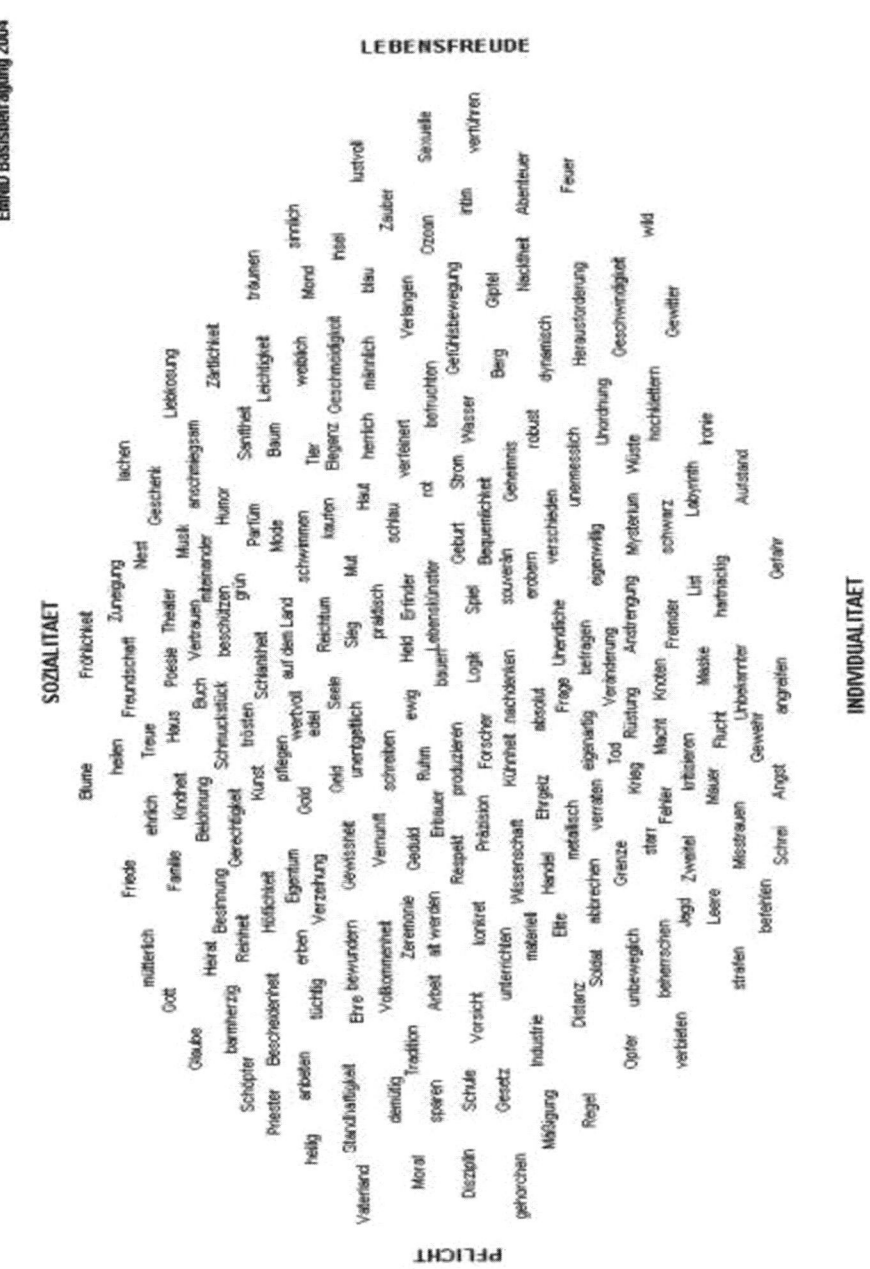

Abbildung 6: Semiometrie Basismapping 2004   Quelle: TNS Infratest

Die Zusammenstellung dieser 210 Begriffe beruht auf Grundlagenstudien, die der französische Statistiker und Modellentwickler *Jean-Francoise Steiner* Mitte der 80er Jahre in Zusammenarbeit mit dem französischen Markt- und Meinungsforschungsinstitut SOFRES durchgeführt hat. Das ursprüngliche Ziel *Steiners* war es, den semantischen Bedeutungsraum einer Kultur herauszuarbeiten und diesen mit statistischen Methoden zu beschreiben. Diese Begriffe stammen aus der Literaturanalyse von Werken, die die westliche Kultur nachhaltig geprägt haben, wie z. B. die Bibel. Die Analyse führte dann zu einem umfangreichen System von Begriffen, das durch eine mehrstufige Faktorenanalyse verdichtet wurde. SOFRES erweiterte den Anwendungsbereich dieser Methode und wandte sie bald als ein Verfahren zur psychografischen Bestimmung von Zielgruppen an.

Den 210 Begriffen werden 14 Wertefelder zugeordnet:

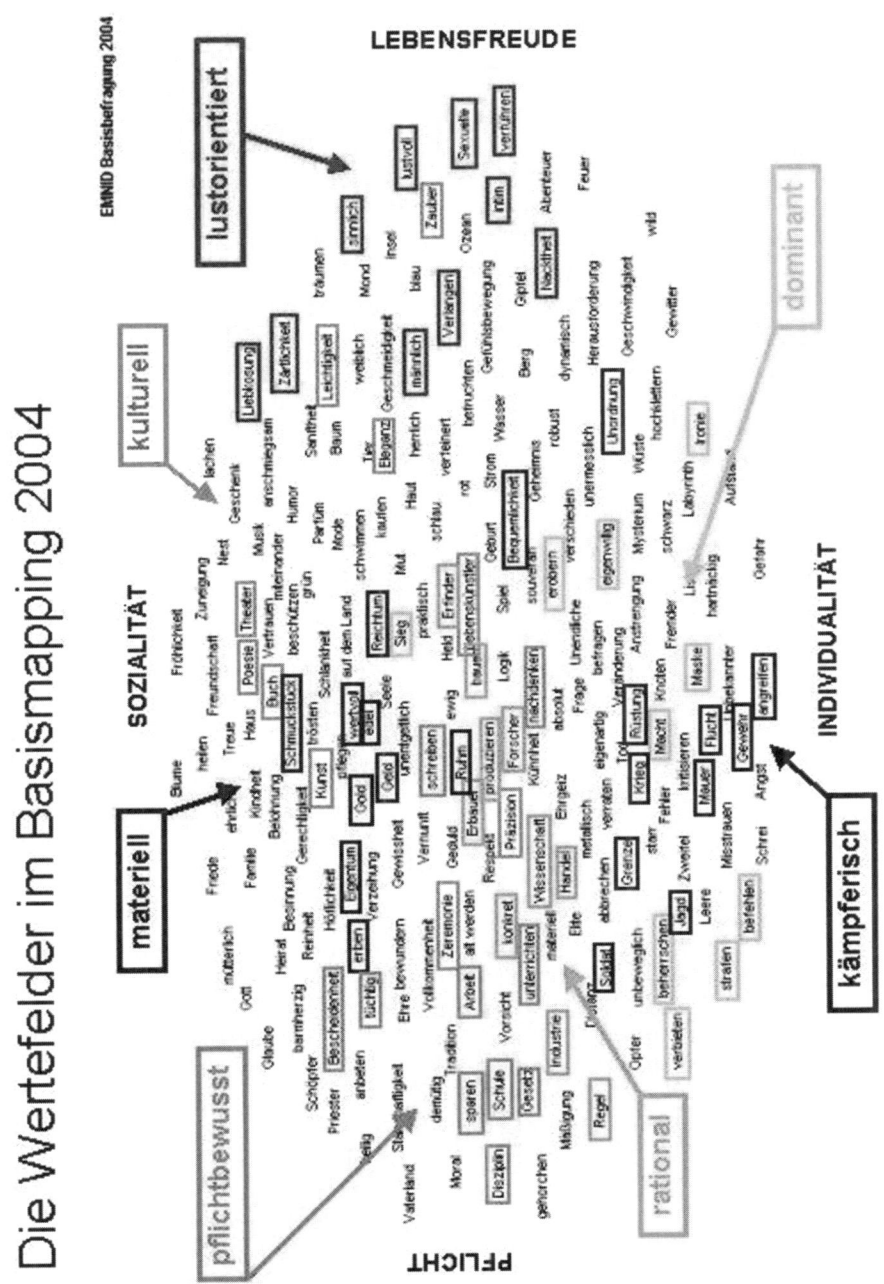

Abbildung 7: Die Wertefelder im Basismapping 2004   Quelle: TNS Infratest

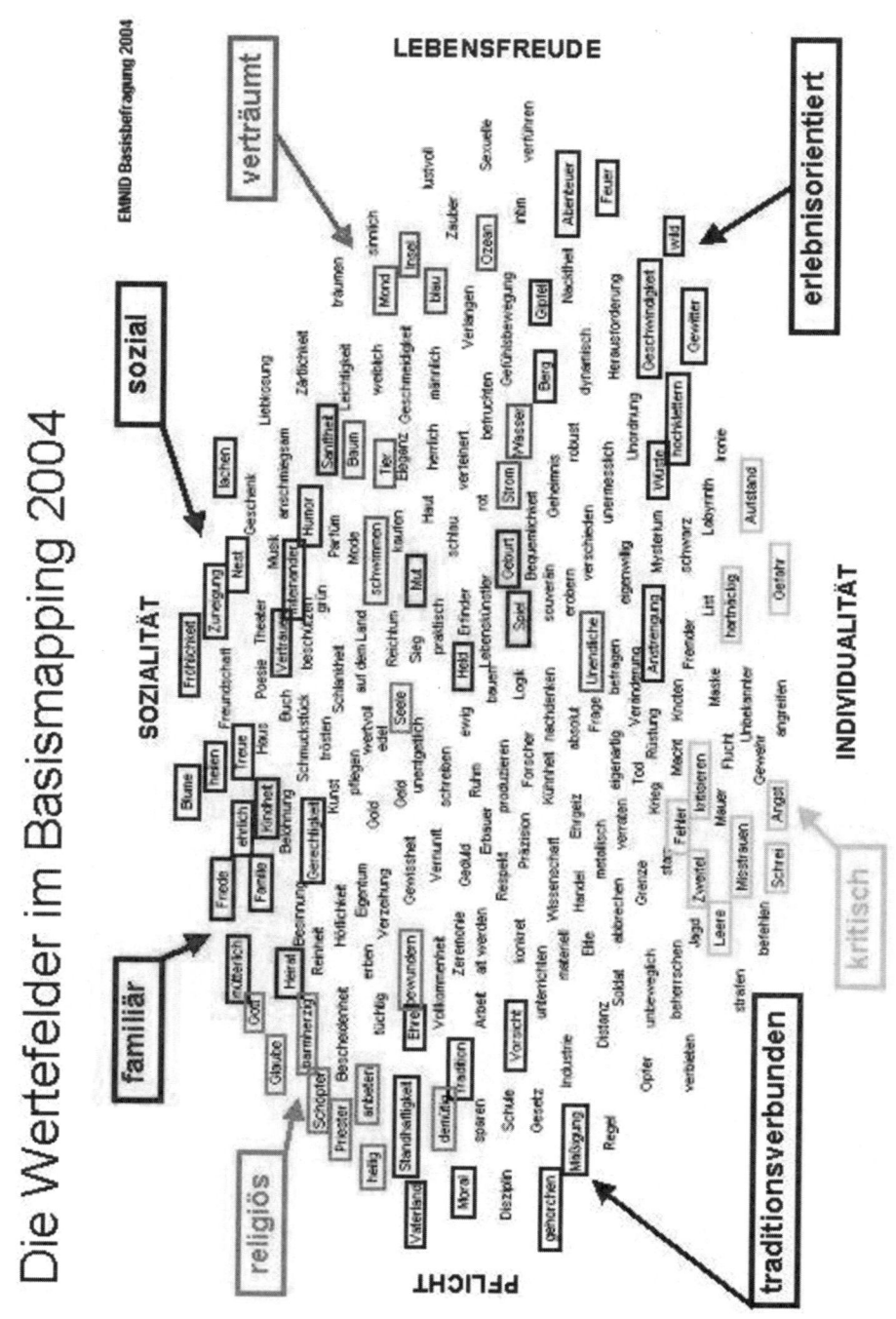

Abbildung 8: Die Wertefelder im Basismapping 2004   Quelle: TNS Infratest

Die Wertefelder, die unserem Experiment zugrunde lagen, waren noch 13. Inzwischen hat Emnid diese Kategorien um ein weiteres Wertfeld, „traditionsverbunden", erweitert, sodass der jetzige Stand der semiometischen Forschung von 14 Wertekategorien ausgeht:

Wertefelder	Begriffe
familiär	Kindheit, Familie, Spiel, Mut, Heirat, Held, Geburt, mütterlich, Friede, Sanftheit
sozial	Fröhlichkeit, ehrlich, heilen, Treue, miteinander, Vertrauen, Blume, Zuneigung, lachen, Humor
religiös	Gott, Glaube, heilig, Priester, Schöpfer, anbeten, Seele, barmherzig, demütig, bewundern
materiell	Reichtum, Gold, Geld, erben, Eigentum, Ruhm, wertvoll, Schmuckstück, edel, Bequemlichkeit
verträumt	Ozean, Insel, Wasser, schwimmen, Mond, Strom, Baum, blau, Unendliche, Tier
lustorientiert	Sexuelle, intim, verführen, Nacktheit, lustvoll, Verlangen, Zärtlichkeit, Liebkosung, männlich, sinnlich
erlebnisorientiert	hochklettern, Gipfel, Berg, Wüste, Geschwindigkeit, Abenteuer, Anstrengung, Feuer, Gewitter, wild
kulturell	Theater, Kunst, Poesie, Buch, Zeremonie, Eleganz, Lebenskünstler, Präzision, Zauber, Leichtigkeit
rational	Erfinder, Forscher, Wissenschaft, Erbauer, produzieren, Handel, Industrie, Logik, konkret, bauen
kritisch	Misstrauen, Zweifel, hartnäckig, Gefahr, Angst, Fehler, Leere, Aufstand, kritisieren, Schrei
dominant	beherrschen, Macht, befehlen, strafen, verbieten, Ironie, erobern, Sieg, Maske, eigenwillig
kämpferisch	Soldat, Gewehr, Krieg, Rüstung, angreifen, Jagd, Mauer, Unordnung, Grenze, Flucht
pflichtbewusst	Schule, sparen, schreiben, Disziplin, tüchtig, unterrichten, Arbeit, Gesetz, Bescheidenheit, nachdenken
traditionsverbunden	Vaterland, Moral, Vorsicht, Tradition, Ehre, gehorchen, Nest, Standhaftigkeit, Gerechtigkeit, Mäßigung

Wertefelder 2004

Abbildung 9: Interpretationshilfe: Semiotrische Wertefelder: 14 Wertefelder à 10 Begriffe   Quelle: TNS Infratest

Die Wertdimensionen werden am stärksten durch zehn Begriffe beschrieben, deren Auswahl das Ergebnis einer Faktorenanalyse ist, in die alle 210 Begriffe des Semiometrie-Systems eingegangen sind:

Tabelle 4: Interpretation der 14 Wertefelder

Familiär	Orientierung an der Familie als Basis des menschlichen Miteinanders
Sozial	Streben nach vertrauensvollen und zwischenmenschlichen Beziehungen und einem harmonischen Leben
Religiös	Orientierung am Glauben. Aussagen des Christentums bilden einen wichtigen Zug
Materiell	Orientierung an Besitz, Konsum und finanzieller Sicherheit. Streben nach Eigentum ist ein besonderer Zug dieser Zielgruppe
Verträumt	Idealistische Orientierung und Suche nach einem positiven Gegenstück zur Realität und ein Bezug zur Natur
Kritisch	Die Realität wird überprüft und kritisch hinterfragt
Dominant	Orientierung an sozialen Hierarchien und Streben nach Einfluss. Gesellschaftliche Rangordnungen spielen eine große Rolle
Kämpferisch	Offensive und konfliktfreudige Haltung sowie Streben nach Veränderung
Pflichtbewusst	Orientierung an traditionellen Tugenden wie Pflichterfüllung, Disziplin, Bescheidenheit und Fleiß
Lustorientiert	Streben nach sinnlich-leidenschaftlichen Erfahrungen sowie eine positive Haltung zur Körperlichkeit und Sexualität
Erlebnisorientiert	Orientierung an Abenteuern, Suche nach emotionaler Erlebnisqualität
Kulturell	Intellektuelle Orientierung mit Interesse an Kunst
Rational	Orientierung am Messbaren und Beweisbaren. Wissenschaftliche Präzision ist gesucht
Traditionell	Orientierung an Ehre, Moral, traditionelle Tugenden

Bei Umfragen werden diese Begriffe emotional auf einer Skala von -3 (sehr unangenehm) bis +3 (sehr angenehm) bewertet. Die Zwischennoten dienen zur Abstufung der Bewertung. Die relative Über- (positiv) oder Unterbewertung (negativ) der einzelnen Begriffe durch eine Person ergibt im Vergleich zur durchschnittlichen Begriffsbewertung ein „Werteprofil". Die durchschnittliche Über- und Unterbewertung der Begriffe durch die Person innerhalb einer Zielgruppe (z. B. regelmäßige TV-Spielfilm-Leser) ergibt das spezifische Werteprofil der Zielgruppe im Vergleich zu einer festgelegten Referenzgruppe (z. B. regelmäßige TV-Movie-Leser).

Natürlich hängen soziodemografische und psychografische Merkmale zusammen. Ein hohes Bildungsniveau deutet auf kulturelle und rationale Orientierung. Frauen bewerten Begriffe mit sozialem und kulturellen Bezug über, während Männer eher individualistisch oder kämpferisch orientiert sind. 14- bis 49-Jährige sind erlebnisorientiert, während Über-50-Jährige traditionell und pflichtorientiert sind. Aufschlussreich sind auch geografische Zuordnungen. Ein Vergleich zwischen Nord und Süd bzw. Ost und West kommt zu folgenden interessanten Ergebnissen (unter „Ost" sind die neuen, unter „West" die alten Bundesländer, unter „Nord" Schleswig-Holstein, Hamburg, Niedersachsen, Bremen, Mecklenburg-Vorpommern, Nordrhein-Westfalen, Brandenburg, Berlin, Sachsen-Anhalt und unter „Süd" Rheinland-Pfalz, Saarland, Hessen, Thüringen, Sachsen, Baden-Württemberg, Bayern zu verstehen):

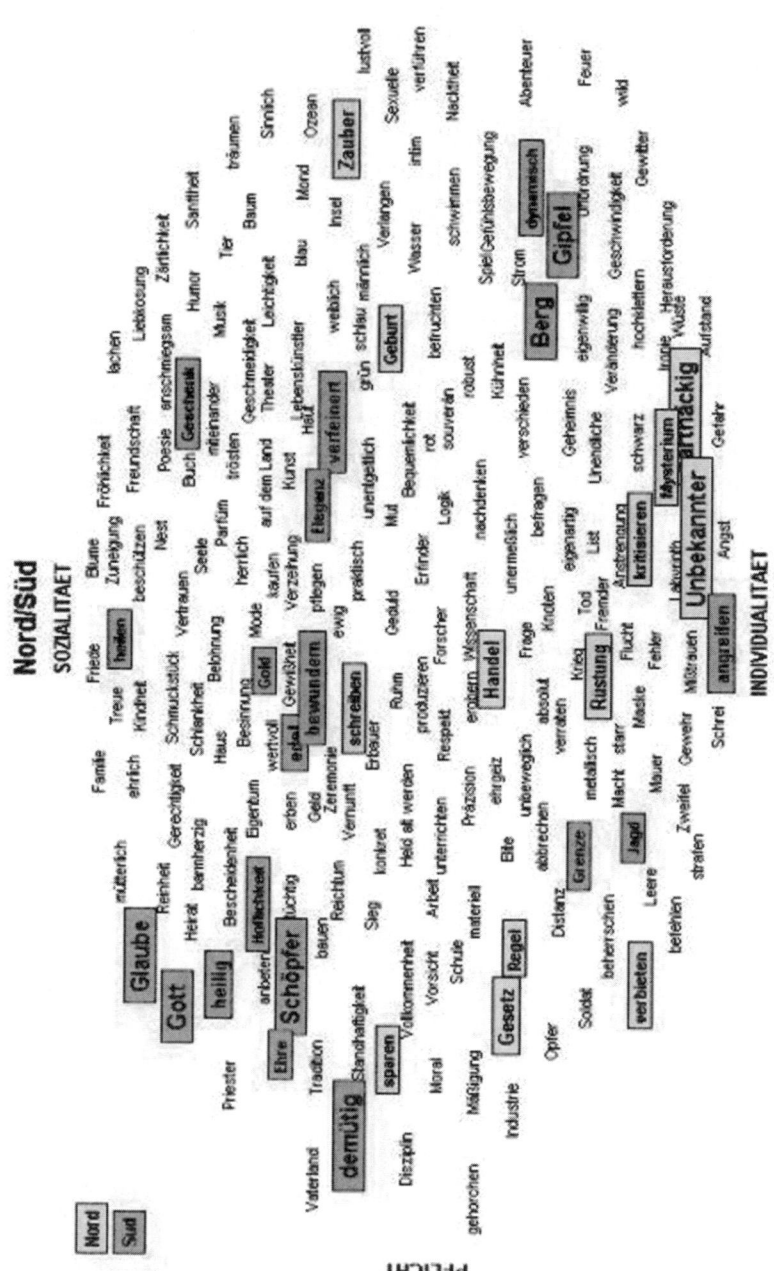

Abbildung 10: Semiometrisches Profil Nord/Süd   Quelle: TNS Infratest

56

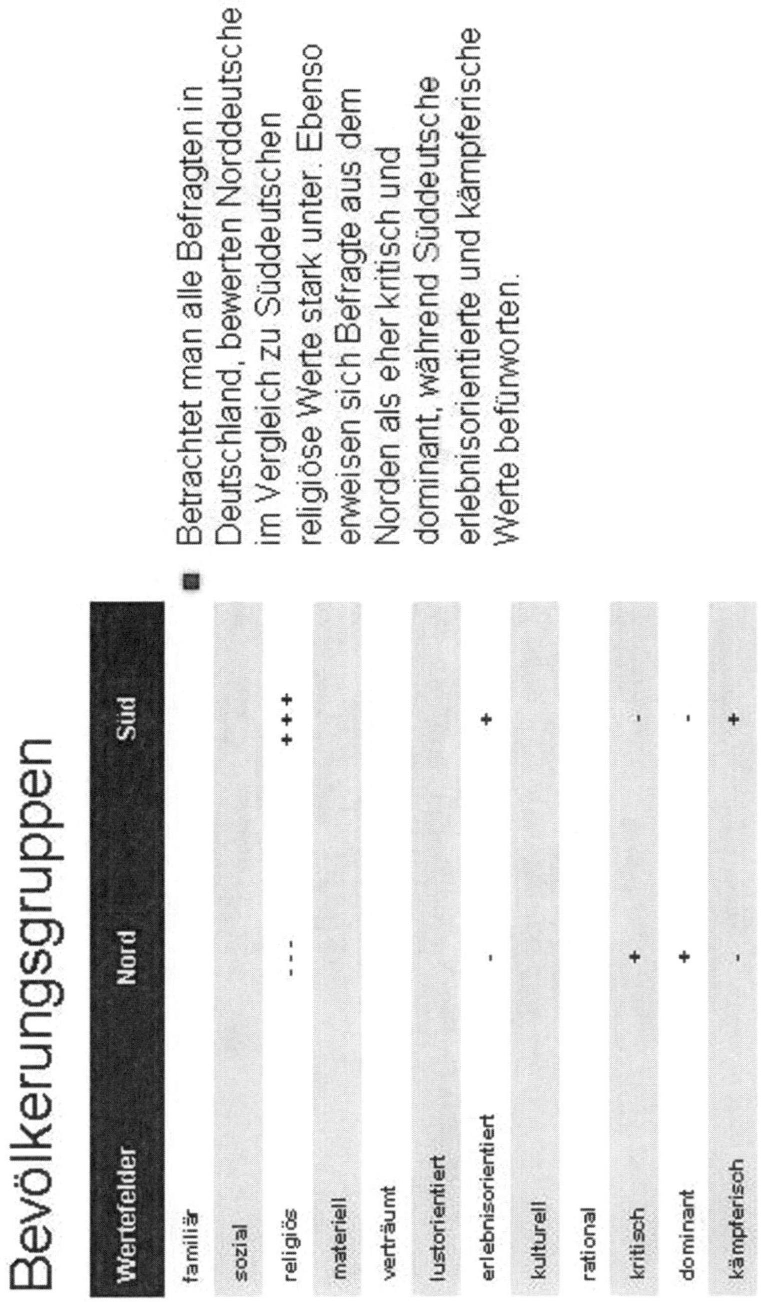

Bevölkerungsgruppen

Wertefelder	Nord	Süd
familiär		
sozial		
religiös	- - -	+ + +
materiell		
verträumt		
lustorientiert		
erlebnisorientiert	-	+
kulturell		
rational		
kritisch	+	-
dominant	+	-
kämpferisch	-	+
traditionell		

Betrachtet man alle Befragten in Deutschland, bewerten Norddeutsche im Vergleich zu Süddeutschen religiöse Werte stark unter. Ebenso erweisen sich Befragte aus dem Norden als eher kritisch und dominant, während Süddeutsche erlebnisorientierte und kämpferische Werte befürworten.

Abbildung 11: Bevölkerungsgruppen Nord/Süd   Quelle: TNS Infratest

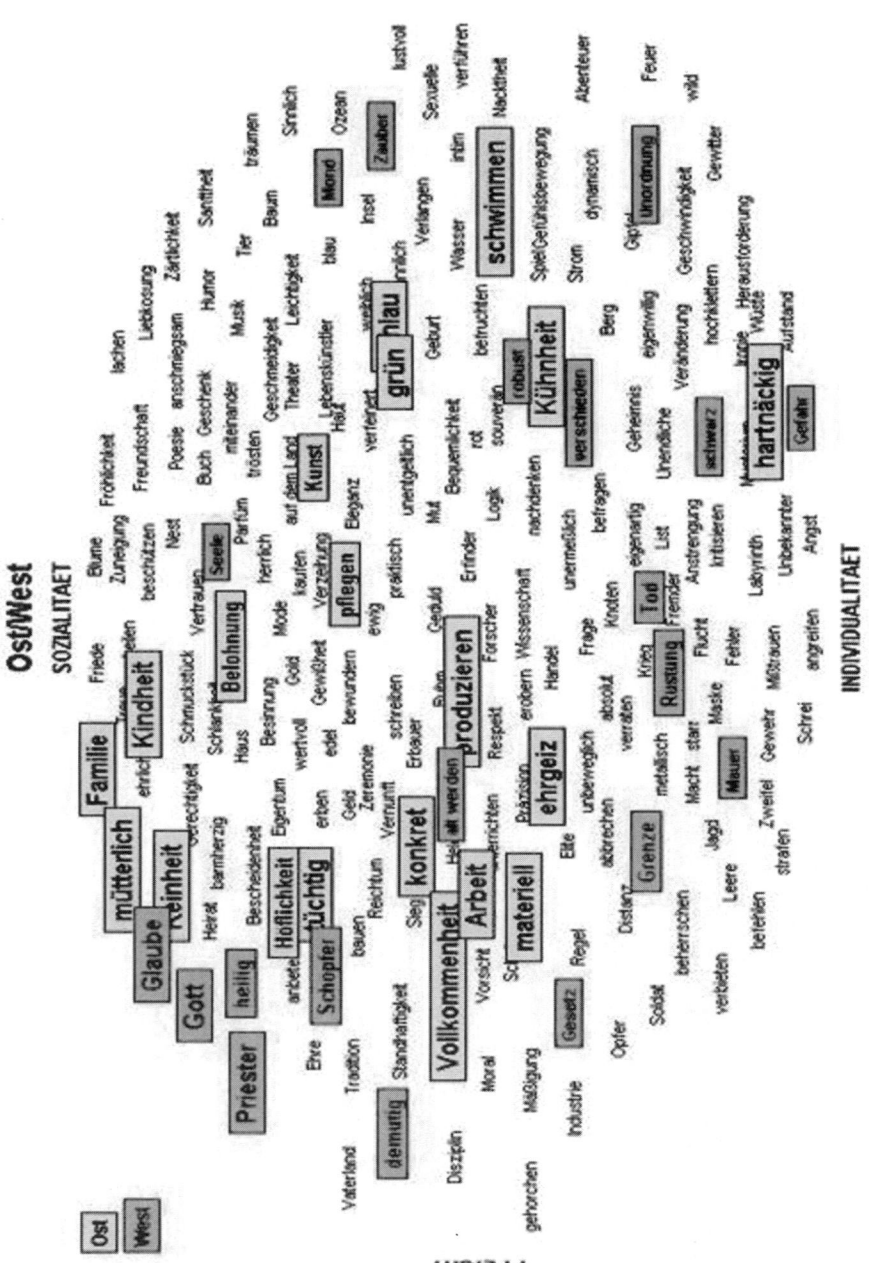

Abbildung 12: Semiometrisches Profil Ost/West   Quelle: TNS Infratest

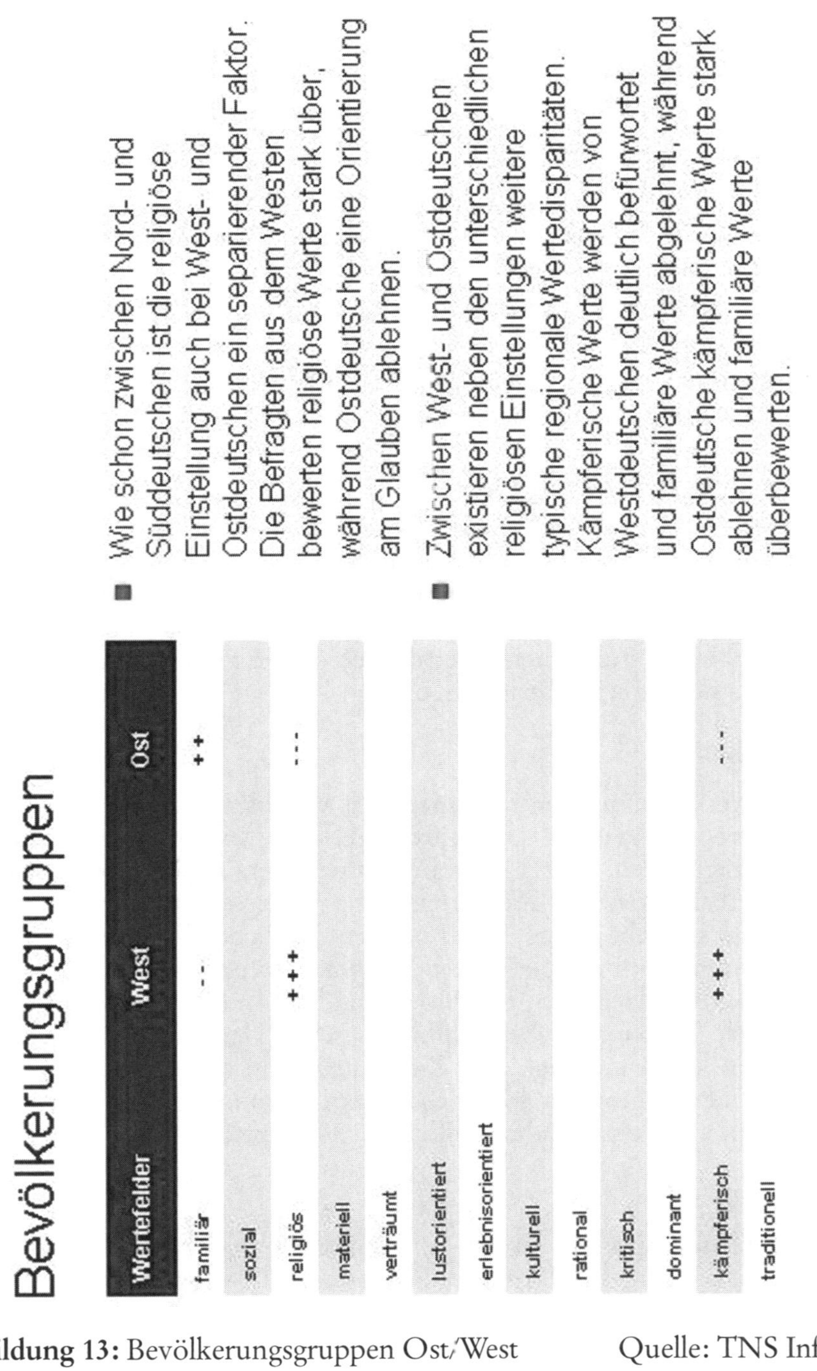

Bevölkerungsgruppen

Wertefelder	West	Ost
familiär	- -	+ +
sozial		
religiös	+ + +	- -
materiell		
verträumt		
lustorientiert		
erlebnisorientiert		
kulturell		
rational		
kritisch		
dominant		
kämpferisch	+ + +	- - -
traditionell		

■ Wie schon zwischen Nord- und Süddeutschen ist die religiöse Einstellung auch bei West- und Ostdeutschen ein separierender Faktor. Die Befragten aus dem Westen bewerten religiöse Werte stark über, während Ostdeutsche eine Orientierung am Glauben ablehnen.

■ Zwischen West- und Ostdeutschen existieren neben den unterschiedlichen religiösen Einstellungen weitere typische regionale Wertedisparitäten. Kämpferische Werte werden von Westdeutschen deutlich befürwortet und familiäre Werte abgelehnt, während Ostdeutsche kämpferische Werte stark ablehnen und familiäre Werte überbewerten.

Abbildung 13: Bevölkerungsgruppen Ost/West   Quelle: TNS Infratest

3.3   Angewandte Semiometrie

Die durch das semiometrische Verfahren ermittelten psychografischen Profile dienen meistens der Markenpositionierung, Werbegestaltung, Mediaplanung usw. Relevante Fragen werden beantwortet und zur Entwicklung von entsprechenden Strategien herangezogen:

- Wie ist meine Marke im Vergleich zu meinen Mitbewerbern positioniert?
- Welches Medienpublikum weist vergleichbare Werte wie meine Markenverwender auf?
- Welcher Event, welcher Verein hat eine vergleichbare Positionierung wie meine Markenverwender?
- Entspricht das Werteprofil meiner Marke der Wertewelt von gesellschaftlichen Trendsettern?

Die Markenführung/-positionierung

Ist ein Markt stark kompetitiv besetzt, so kann es ratsam sein, das semiometrische Profil der eigenen Marke und die der Wettbewerber zu erstellen, um das Potenzial der Marken einzuschätzen und darüber zu befinden, ob eine Neupositionierung auf dem Markt sinnvoll ist oder nicht. Die Semiometrie ist nicht das einzige Fundament, worauf sich solche Entscheidungen stützen, wohl aber ist sie eine wichtige Ergänzung.

Zielgruppenanalysen

Durch die Verknüpfung von verschiedenen Variablen können neben Markenverwendern eine Vielzahl von weiteren Zielgruppen dargestellt werden. So können Einstellungen oder Freizeitbeschäftigungen herangezogen werden, um die Werthaltungen von Zielgruppen wie Wellness-Bewusste, sportbegeisterte Männer, modebewusste Twens oder gut verdienende Schnäppchenjäger zu identifizieren. Zum Beispiel achten Wellness-Bewusste auf ihr körperliches und seelisches Wohlbefinden, auf ihre Gesundheit und Ernährung und positionieren sich im semantischen Raum zwischen den Polen Sozialität und Pflicht. Die Wertorientierung dieser Zielgruppe kann wiederum mit den Werten von Markenzielgruppen oder Zuschauern bestimmter Sendungen verglichen werden, um die passenden Sendungen zu ermitteln.

Mediaplanung

Das Mediaplanungsprogramm von Semiometrie vergleicht die Positionierungen von Marken und TV-Formaten. So können für eine ausgewählte Marke alle TV-Formate angegeben werden, die auf Grund der Wertestruktur ihrer Zuschauer am besten dem Wertesystem der Markenverwender entsprechen und daher für die Mediaplanung einer Kampagne infrage kommen.

Ein Beispiel: **Bacardi**

Die zentralen Fragen lauten:

- Welches Werteprofil haben die Konsumenten von *Bacardi*?
- Wie kann die Marke *Bacardi* im Verhältnis zu den relevanten Wettbewerbern positioniert werden?
- Welche Printtitel eignen sich als Werbeträger zur Marke *Bacardi*?

Die Umfrage hat folgendes Werteprofil ergeben:

Bacardi – Best Fit und Worst Fit

	Bacardi	TV Movie	Das Neue Blatt
familiär	·		++
sozial			
religiös	--	--	++
materiell			++
verträumt		+	-
lustorientiert	++	++	·
erlebnisorientiert	++	++	--
kulturell		·	
rational			
kritisch		++	
dominant	+		·
kämpferisch	+		--
pflichtbewusst	--	--	++
traditionsverbunden		·	+

Abbildung 14: Bacardi: Best Fit und Worst Fit   Quelle: TNS Infratest

+	= 2 überbewertete Begriffe	-	= 2 unterbewertete Begriffe
++	= 3 überbewertete Begriffe	--	= 3 unterbewertete Begriffe
+++	= 4+ überbewertete Begriffe	---	= 4+ unterbewertete Begriffe

Der Vergleich von *Bacardi* mit den Werteprofilen der drei ähnlichsten Wettbewerber, *Wodka Gorbatschow, Ramazotti* und *Berentzen,* zeigt die Unterschiede und Ähnlichkeiten:

Wertesteckbriefe
Bacardi und die drei ähnlichsten Wettbewerber

	Bacardi	Wodka Gorbatschow	Ramazotti	Berentzen
familiär	·	+		‡
sozial	:	+		
religiös				
materiell		+		‡
verträumt				
lustorientiert	‡	‡	‡	‡
erlebnisorientiert	‡			
kulturell			‡	
rational			:	
kritisch				
dominant	+	+		
kämpferisch	+			
pflichtbewusst	:			·
traditionsverbunden				

Abbildung 15: Wertesteckbriefe: Bacardi und die drei ähnlichsten Wettbewerber   Quelle: TNS Infratest

Übersetzt in den semantischen Positionierungsraum, ergibt der obige Vergleich folgendes Bild:

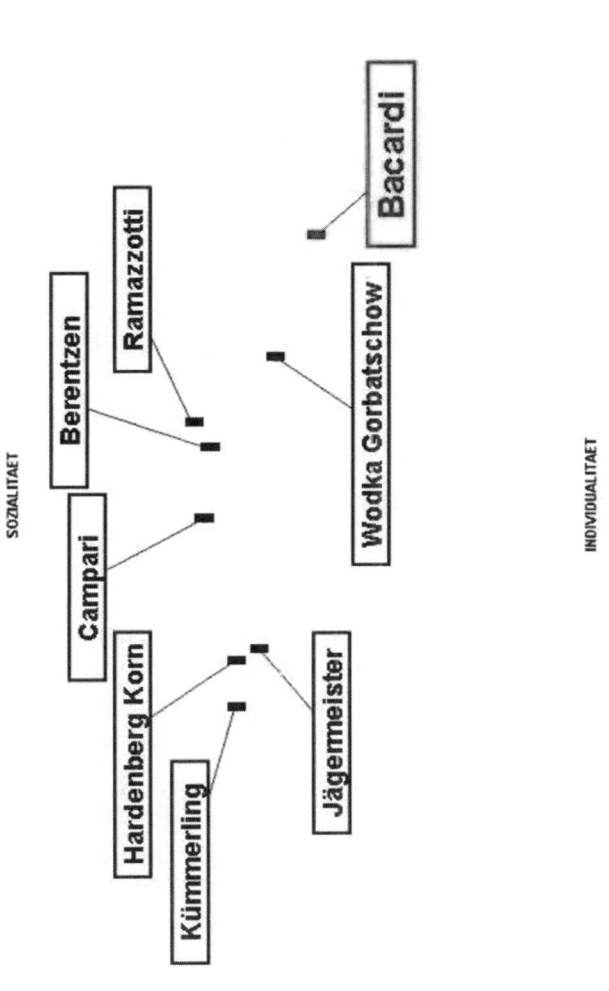

Abbildung 16: Bacardi im Umfeld relevanter Wettbewerber, Markenzentren (Markenzentrum: geometrischer Mittelpunkt der überbewerteten Begriffe (Euklidische Distanz))   Quelle: TNS Infratest

Nachdem die Nähe bzw. Distanz zwischen den *Bacardi*-Konsumenten und sämtlichen in der Semiometrie-Basisbefragung enthaltenen 60 Printtitel berechnet wurde, konnten die geeigneten Printtitel ermittelt werden. Als Beispiel für einen geeigneten Titel nehmen wir *TV Movie* und als Beispiel für einen ungeeigneten Printtitel zeigen wir die abweichenden Wertefelder im Basismapping von *Das Naue Blatt* und anschließend der Positionierungsraum in der Gesamtschau:

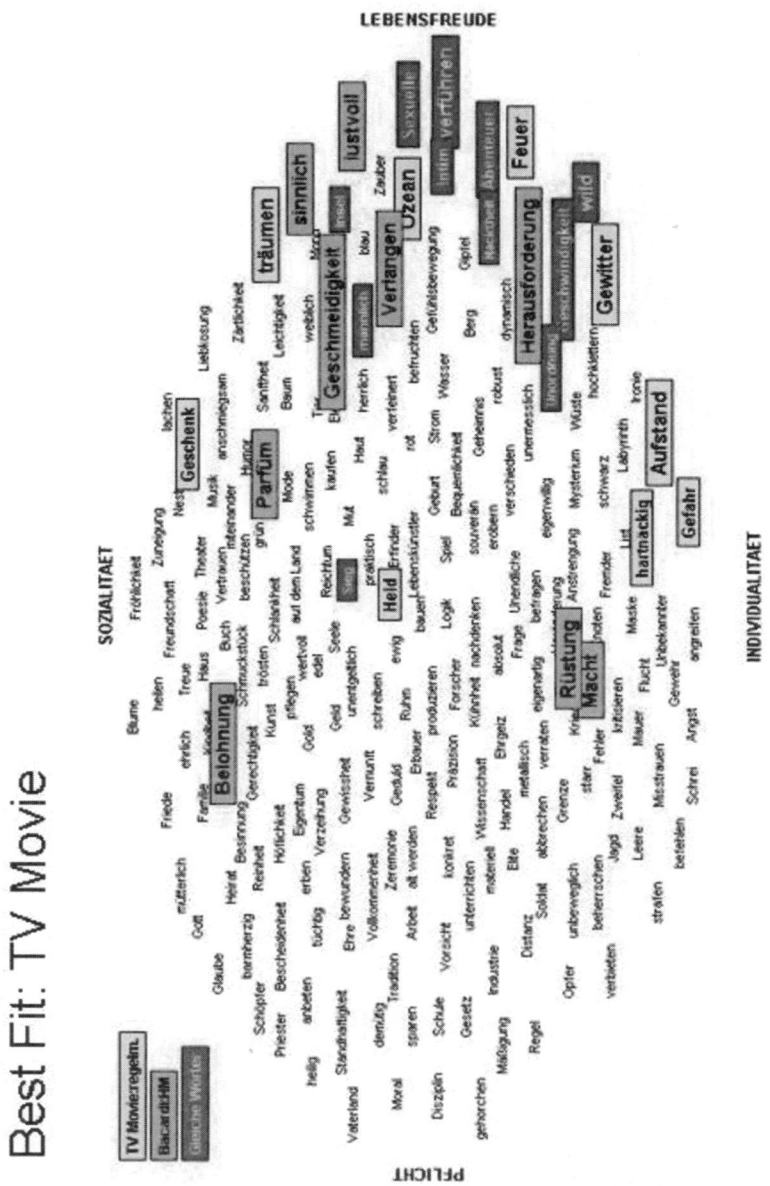

Abbildung 17: Best Fit: TV Movie　　　　　　　　　　Quelle: TNS Infratest

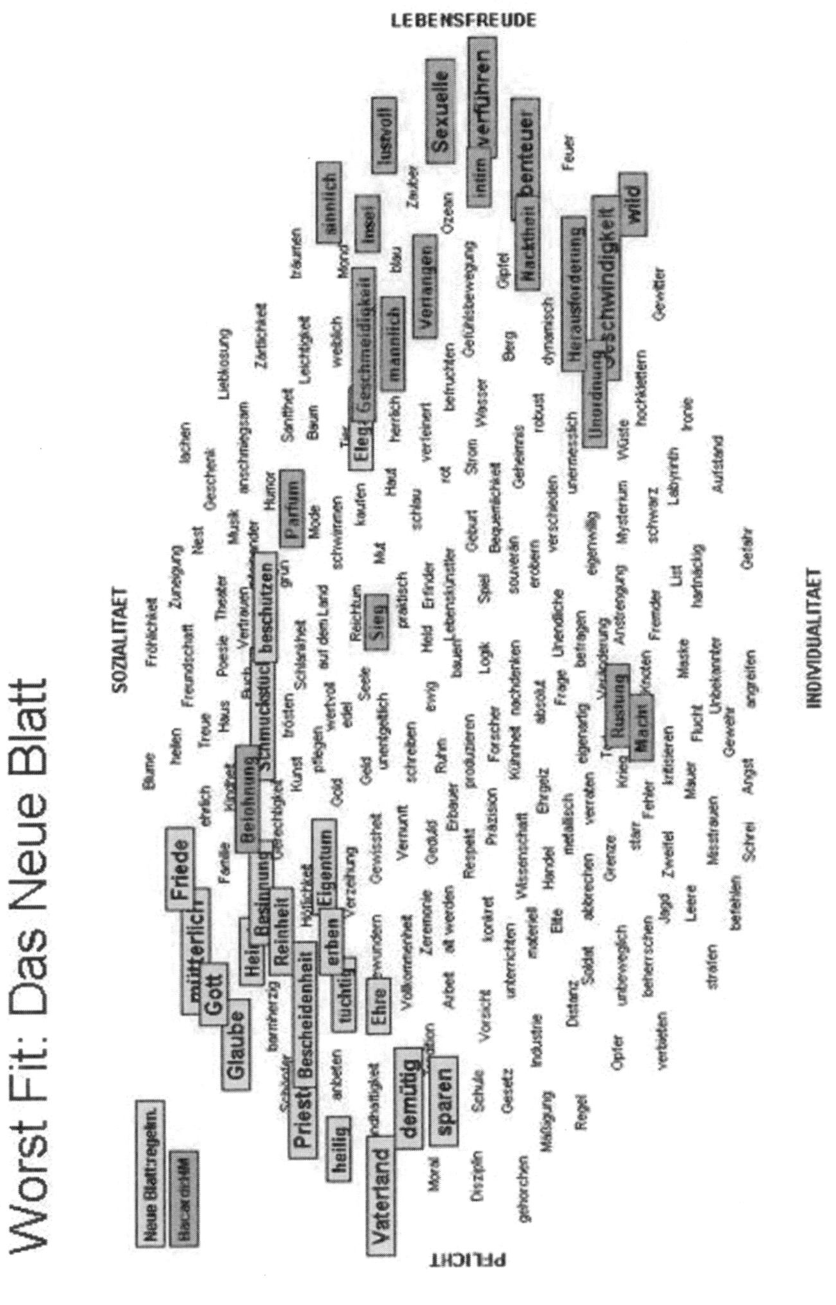

Worst Fit: Das Neue Blatt

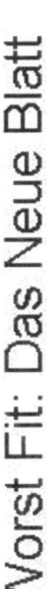

Abbildung 18: Worst Fit: Das neue Blatt   Quelle: TNS Infratest

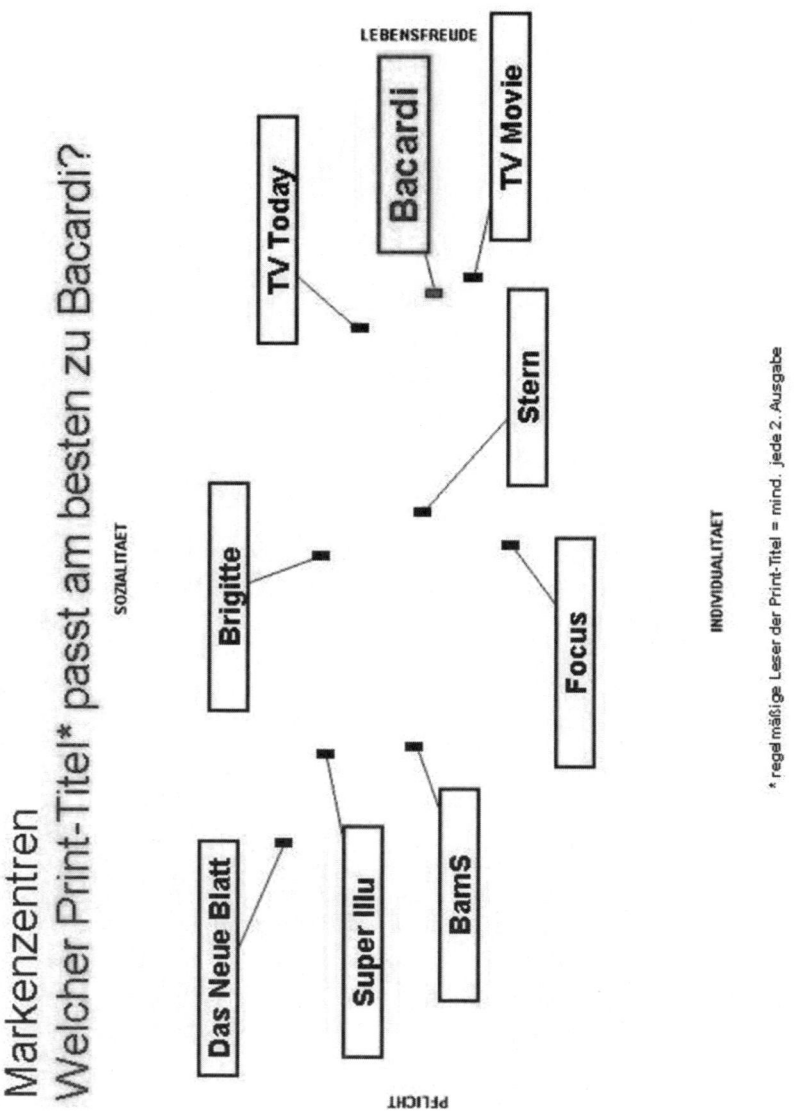

Abbildung 19: Markenzentren: Welcher Print-Titel passt am besten zu Bacardi?
(regelmäßige Leser der Print-Titel = mind. jede 2. Ausgabe)
Quelle: TNS Infratest

3.4   Denotation und Konnotation

Um zu verstehen, weshalb einige Befragte das eine Wort positiv oder das andere negativ besetzen, müssen wir zwischen der „Denotation" und „Konnotaion" von Begriffen unterscheiden. Darauf gründet sich das gesamte semiometrische Verfahren.

Mit Denotation bezeichnet man den Inhalt, die Grundbedeutung eines Begriffes. Zum Beispiel ist „Weihnachten" ein christliches Fest, das jedes Jahr am 25./26. Dezember begangen wird. Die Konnotation dagegen ist die assoziative, nahezu immer emotional beladene Bedeutung des Begriffes, die von den individuellen Erfahrungen einzelner Personen abhängt. So verbindet der eine mit Weihnachten religiöse Vorstellungen, die andere nur das Element feiern und wieder ein anderer Erinnerungen an seine Kindheit.

Natürlich gibt es auch Begriffe, die mehrere Denotationen haben. Ein Beispiel für einen Begriff, der im deutschsprachigen Kulturkreis mehrere denotative Bedeutungen hat, ist „Bank". Hier kann es sich zum einen um ein Möbelstück und zum anderen um eine Institution zur Vermögensverwaltung handeln. Bei solchen Begriffen ist die Bedeutung nur aus dem weiteren Kontext zu erkennen. Daher existieren im Semiometriemodell nur Begriffe, die eindeutige denotative Bedeutungen haben, aber verschiedene Konnotationen hervorrufen. Es sind genau diese Konnotationen, welche die Brücke zur Zielgruppe bzw. zum Publikum schlagen.

Das semiometische Verfahren kann also den Redenschreibern helfen, gemäß dem Profil der Zielgruppen oder des Publikums Reden zu konzipieren und den Redner bzw. dessen Organisation sprachlich so zu positionieren, dass das Publikum sich ein angemessenes und positives Bild von der Organisation bzw. vom Redner macht. Dass die Seminarteilnehmerinnen und Seminarteilnehmer, von denen oben die Rede war, zwei Redetexte unterschiedlich bewertet haben, hängt von deren semiometrischem Profil ab. Der zweite, geringfügig veränderte Text, nutzt den semiometrischen Ansatz.

Standort Deutschland

Sehr verkürzt gesagt, verfügt unser Land über eine ausgeprägte Kultur der Systeme. Ob Grundlagenforschung oder duales Bildungssystem, ob das System des Bürgerlichen Gesetzbuches, die philosophische Analyse der Welt oder die Zwölftonmusik: In der systematischen Gestaltung ganz unterschiedlicher Themenbereiche hat unser Land Großes geleistet – und tut es weiterhin.

Weil wir die Dinge so systematisch angehen, fallen uns – am Rande bemerkt – attraktive Dienstleistungen so relativ schwer. Denn sie erfordern situatives, spontanes Reagieren. Systematisches Denken bedarf der Präzision, Logik und der wissenschaftlichen Methode. Spontane Handlungen sind hingegen emotional, oft

---

undurchdacht, mit teilweise unvorhersehbaren Folgen. Und so zu handeln scheint keine besonders deutsche Tugend zu sein.

Nicht nur das Vertrauen auf gewachsene Standortvorteile, sondern auch dieses Denken in Systemen – in Sozialsystemen zum Beispiel – hat uns selber blockiert. Und uns blockiert weiterhin das Vorurteil: Menschlichkeit spiele keine Rolle im Geschäft. Auch hier ist also Aufbruch gefordert. Überall geht es um eine neue Kultur der Vitalität und Menschlichkeit.

Vitalität setzt Vertrauen in den Menschen voraus. Nicht als systematisch denkendes Wesen, sondern als soziales Wesen, das Bindungen eingeht, mit anderen Menschen zusammen sein und nicht bloß zusammenarbeiten will, Gemeinschaft braucht und nicht bloß in Teams anderen Menschen begegnet, Emotionen zeigt und dabei auf Verständnis hofft, auf ehrliches Miteinander. Vitalität setzt voraus, dass Menschen in anderen Menschen nicht ausschließlich Kolleginnen oder Kollegen sehen, sondern vielleicht auch Freunde. Das erfahre ich – und ich vermute auch Sie – jeden Tag.

Um die Zukunft zu bewältigen, haben wir zugleich auf Bewahrung – auf die Erhaltung der Ordnung – und auf Veränderung, also auf Unordnung, auf Vielfalt, auf Wagnis zu setzen. Vor allem aber brauchen wir vitale Menschen und keine dressierten Maschinen. Es geht zugleich um Ordnung und Wandel, um Reife und Vitalität, um Systemfähigkeit und Flexibilisierung. Es geht aber vor allem um das menschliche Antlitz der Unternehmen.

Der Text B enthält Begriffe, die der Wertkategorie „sozial" entstammen – „ehrlich", „miteinander", „zusammen sein", „Vertrauen", „menschlich" usw. – und den dritten sowie vierten Absatz entsprechend bestimmen.

Wie Texte semiometrisch geschrieben werden können, zeigen die nächsten Kapitel. Vorausgreifend sei hier jedoch auf zwei Taktiken hingewiesen, die zur Schärfung des semiometrischen Profils eines Textes beitragen können: wörtliche Verwendung und Entgegensetzung.

In diesem Text werden einige Basis-Begriffe wörtlich verwendet, wie „sozial", „Gemeinschaft", „ehrlich", „miteinander", um den sozialen Aspekt hervorzuheben. Darüber hinaus werden die entgegengesetzten Positionen negativ besetzt. Geht man z. B. davon aus, dass das „Soziale" Wärme, Miteinander, Menschlichkeit und Emotion bedeutet, dann können im Redetext alle entgegengesetzten Eindrücke negativ belegt werden (vgl. die unterstrichenen Sätze im Text).

Sätze wie:

1. „Und uns blockiert weiterhin das Vorurteil: Menschlichkeit spiele keine Rolle im Geschäft", oder

2. „Vor allem aber brauchen wir vitale Menschen und keine dressierten Maschinen"

stellen das Gegenteil vom „Sozial", das Unsoziale und Unmenschliche, ins negative Licht.

1 a. „blockiert", „Vorurteil" (Menschlichkeit spielt keine Rolle im Geschäft), oder

2 a. „keine dressierten Menschen"

Durch diese textlichen Änderungen hat sich das Gewicht des Textes vom „Rationalen" zum „Sozialen" verschoben. Natürlich könnte man dieselbe Rede auch anders schreiben. Der Einbildungskraft der Redenschreiber sind keine Grenzen gesetzt. Das kleine Experiment zeigt erstens, dass jede Rede neben der sachlichen Ebene dem Publikum auch etwas über den Redner bzw. die Rednerin auf der Beziehungsebene mitteilt, und zweitens, dass Semiometrie als eine Richtschnur zur Konzeption und Umsetzung von Reden eingesetzt werden kann.

3.5 Semiografie

Das semiometrische Schreiben oder, um diesem neuen Aspekt einen Namen zu geben, die **Semiografie**, vollzieht sich in vier Schritten, auf welche die nachfolgenden Kapitel eingehen werden:

1. Selbstkonzepte erarbeiten

   - In diesem ersten Schritt geht es um die Frage, wie der Redner/die Rednerin vom Publikum wahrgenommen werden will und welche Eigenschaften ihm/ihr zugeschrieben werden sollen.

   - Ferner gilt es die Identität der eigenen Organisation und deren Image zu berücksichtigen, um dementsprechend einen positiven Eindruck beim Publikum zu hinterlassen.

2. Werteprofile erstellen

   - Für den Redner/die Rednerin

   - Welche Wertefelder lassen sich aus dem Selbstkonzept ableiten?

   - Für die Organisation

Welche Wertefelder besetzt die Organisation? Gibt es Corporate-Identity-Konzepte, aus denen das semiometrische Profil der Organisation abgeleitet werden kann?

- Für das Publikum

Wer ist das Publikum? Welche Wertefelder könnte es besetzen? Auf welche Basis-Begriffe reagiert es positiv bzw. negativ?

3. Basisbegriffe auswählen

   - Für das Profil des Redners/der Rednerin

Mit welchen Basisbegriffen soll der Redetext arbeiten, um das Profil des Redners wiederzugeben?

   - Für das Profil der Organisation

Welche Basisbegriffe eignen sich für das semiometrische Profil der Organisation?

   - Für das Profil des Publikums

Auch hier sollen angemessene Begriffe ausgewählt und eingesetzt werden.

4. Werteprofile umrahmen

Wie können die Wertefelder des Redners, der Organisation und des Publikums miteinander verbunden und in ein widerspruchsloses Ganzes überführt werden?

Dieser Schritt ist insofern wichtig, als nur er der Rede Überzeugungskraft verleiht. Nimmt das Publikum die Botschaft des Redners und den Redner selbst als kompatibel mit den eigenen Wertevorstellungen wahr, kann der Redner mit der wohlwollenden und zustimmenden Haltung des Publikums rechnen. Diese Umrahmung, sollte sie gelingen, bereitet den Nährboden für positive Eindrücke und minimiert das Risiko negativer Eindrücke.

III. Praxis

1. Semiografie

1.1 Selbstkonzepte erarbeiten oder die „Urrede" aufsetzen

Der erste Schritt in der Semiografie ist die Erarbeitung eines Selbstkonzepts. Dabei handelt es sich um zwei verschiedene, aber sich ergänzende Stoßrichtungen: der Redner und seine Organisation. Dass die letztere bereits Strategien ausgearbeitet hat, wie sie mit ihrem Erscheinungsbild in der Öffentlichkeit umgehen soll, darf als selbstverständlich gelten. Weil aber Reden Rückschlüsse vor allem auf den Redner und über ihn auf dessen Organisation zulassen, muss der Redner ebenfalls ein Selbstkonzept ausarbeiten, das über konkrete Anlässe und Inhalte hinaus längere Zeitabschnitte überdauert. Gelingt es dem Redner, beide Selbstkonzepte widerspruchslos zu integrieren, können sowohl er als auch seine Organisation daraus Nutzen ziehen. Das Selbstkonzept des Redners heißt die **Urrede**.

Urrede

Die Urrede ist eine Rede, die nie gehalten wird, wohl aber jeder gehaltenen Rede zugrunde liegt. Um präziser zu sein, ist sie ein Ur-Redetext. Sie verdichtet auf ca. einer Seite das „Selbstkonzept" oder die „Personal Story" (analog zur „corporate story" von Unternehmen) des Redners – unabhängig vom jeweiligen Anlass oder dem jeweiligen Publikum. Worum geht es bei der Urrede?

Rednerinnen und Redner müssen klar darlegen, wie sie wahrgenommen werden möchten und wie sie sich selbst sehen. Es geht um die Selbstbeschreibung ihrer Persönlichkeit. Die Person des Redners darf nicht hinter der Sache zurücktreten, denn überzeugen können Reden nur dann, wenn der Redner mit seinem eigenständigen Profil erlebt und wahrgenommen ird.

Um dieses Selbstkonzept zu erstellen, brauchen die Redner sich nicht abzukapseln und ins Grübeln zu geraten. Gespräche mit Bekannten und Freunden können ihnen dabei helfen, weil sie die Außensicht vermitteln und die Binnensicht anreichern. Die berühmte Maxime von *Heinrich von Kleist* ist nach wie vor gültig: „*Wenn du etwas wissen willst und es durch Meditation nicht finden kannst, so rate ich dir, mein lieber, sinnreicher Freund: mit dem nächsten Bekannten, der dir aufstößt, darüber zu sprechen.*" (KLEIST, 1982, S. 880)

Einige Leitfragen bei der Erstellung dieses Selbstkonzeptes könnten sein:

- Was ist mir im Leben wichtig?
- Was ist mein mission statement?
- Welche Erlebnisse haben mich geprägt?
- Welche Personen haben mich beeindruckt? Warum finde ich sie beeindruckend?
- Welche Filme haben starken Eindruck auf mich gemacht und warum?
- Gibt es besondere Bücher, die ich als Lebensbegleiter schätze?
- Gibt es bestimmte Abschnitte aus den Büchern, die mir besonders gut gefallen?
- Gibt es Gemälde, die ich besonders gut finde?
- Was war in meiner Karriere wichtig?
- Was habe ich aus meiner Karriere gelernt?
- Welche Werte sind mir wichtig?
- Gibt es besondere Ereignisse, an die ich immer denke?
- Was schätze ich an anderen Menschen am meisten?
- Was schätze ich an ihnen am wenigsten?
- Gibt es Wörter, die ich besonders mag?
- Gibt es solche Düfte?
- Wie sehen mich andere? Wie nehmen sie mich wahr?
- Wie will ich wahrgenommen und gesehen werden?
- Welche Urlaubserlebnisse haben sich mir eingeprägt?
- Was will ich noch erreichen?
- Welche Zitate mag ich besonders?
- usw.

Anhand dieser und ähnlicher Fragen entwerfen Redner ein Selbstkonzept, das auf einem DIN A4-Blatt niedergeschrieben werden kann. Wichtig ist daher nicht die Aufzählung alltäglicher Ereignisse oder die Beschreibung des Alltagsgeschäftes, sondern der rote Faden, der sich durch das Leben eines Menschen zieht. Es kommt also darauf an, die eigene Persönlichkeit in wenigen Kernsätzen zu beschreiben. Aus dieser Selbstbeschreibung lässt sich dann das semiometrische Profil des Redners bzw. der Rednerin ermitteln. Liegt diese Urrede einmal vor, kann sie zu verschiedenen Anlässen in die entsprechende Reden eingeflochten werden. Es muss also gelingen, das Typische eines Menschen hörbar zu machen. Denn das Publikum will den Menschen in seiner Einmaligkeit erleben und nicht eine Maschine, die nur Floskel und Allgemeinplätze ausspuckt.

Zwei Beispiele:

1. Für Alt-Bundeskanzler *Helmut Schmidt* ist folgender Gedanke charakteristisch:

> „Menschen haben neben Rechten auch noch Pflichten, insbesondere gegenüber der Gemeinschaft, denen sie nachkommen sollten."

Dieser Gedanke taucht in vielen Reden und Artikeln von *Helmut Schmidt* auf. Offensichtlich ist diese Botschaft ein Herzensanliegen, das er in verschiedenen Zusammenhängen über Jahre hinweg wiederholt. Solch ein Satz gehört in den Text der Urrede und verweist bereits auf die semiometrische Wertekategorie „pflichtbewusst".

2. *Muhammad Ali*, der dreifache Schwergewicht-Boxweltmeister, antwortet auf die Frage, wie denn Menschen ihn in Erinnerung behalten sollten:

> „Sie sollen immer daran denken, dass ich die Menschen geliebt und Gott gedient habe."

Auch dieser Satz verdichtet eine Grundeinstellung, die in Reden zum Vorschein kommen kann. Zentral dabei ist das Wort „Gott", das wiederum auf die semiometrische Wertekategorie „religiös" hinweist.

Solche Kernsätze helfen den Redemanagern, angemessene Schlussfolgerungen zu ziehen und in Reden die entsprechenden semiometrischen Profile darzustellen: Wer neben Rechten auch Pflichten große Bedeutung beimisst, wird sicherlich von der „Verantwortung" der Bürger/innen gegenüber dem Land sprechen; er wird auch auf die sozialen Belange des Landes eingehen und die Fahne der Solidarität hochhalten. Wer Menschen liebt und Gott dient, wird die Bedeutung des Glaubens im Leben unterstreichen oder die Dringlichkeit religiöser Erziehung in Schulen anmahnen bzw. einen verbreiteten Egoismus der Menschen wittern. Alle diese Schlussfolgerungen können je nach Thema, Anlass und Publikum in Reden einfließen. Allerdings müssen diese Kernsätze und Kernbotschaften vorher in der Urrede als Orientierung festgehalten werden.

Im Folgenden werden wir nun die Urrede eines Unternehmens schreiben, daraus sein semiometrsiches Profil entwickeln und darauf aufbauend eine anlassbezogene Rede konzipieren. Unseren Protagonisten nennen wir Karl.

Karl war ursprünglich ein Politiker, der nach langjähriger politischer Laufbahn, auch in Spitzenämtern, in die Wirtschaft gewechselt hat und heute als Manager einem Unternehmen vorsteht. Er ist, nehmen wir weiterhin an, fast 60 Jahre alt und verheiratet. Er soll nun die Frage beantworten:

Worauf kommt es mir an? Wie will ich wahrgenommen werden?

Anhand der obigen Leitfragen erstellt er folgende Urrede:

Urrede

Ich liebe die neuen Technologien. Mikroelektronik, Computer, Glasfaser, sind für mich der Schlüssel zu einer neuen Weltordnung. Dem Industriezeitalter folgt die Informationsgesellschaft. Und wir müssen alle Chancen nutzen, die uns dieses neue Zeitalter beschert. Geografische und nationale Unterschiede spielen keine Rolle mehr. Wichtig ist es, sich zu vernetzen, national und international, innerhalb und außerhalb einer Branche. Politik, Wirtschaft und Wissenschaft müssen Hand in Hand gehen. Ich setze meine politischen Erfahrungen ein, um diese Vernetzung herzustellen. Auch in Deutschland können wir jede Menge schaffen – ohne die täglichen und uns bekannten Nörgeleien. Gemeinsam müssen wir Schranken der Tradition überwinden, lieb gewonnene Gewohnheiten ablegen und das Land reformieren. Mit Fleiß, Tüchtigkeit und Flexibilität können wir den Wandel meistern.

1.2   Werteprofile erstellen

Schon am ersten Satz („Ich liebe die neuen Technologien") können wir eine Wertekategorie ablesen, nämlich den Wert „rational". Die Aufzählungen im zweiten Satz – Mikroelektronik, Computer, Glasfaser – verstärken diese Annahme. „Fleiß" und „Tüchtigkeit" verweisen auf die Dimension „pflichtbewusst", während „gemeinsam" als Synonym von „miteinander" den Wert „sozial" hervorhebt. Allein diese flüchtige Lektüre lässt das Werteprofil von Karl deutlich erkennen:

„sozial" + „rational"+ „pflichtbewusst"

Steht einmal das Werteprofil des Redners fest, müssen nun die beiden übrigen Werteprofile, das des Publikums und der Organisation, herausgearbeitet, die passenden Basisbegriffe ausgewählt, diese miteinander verbunden und die Rede aufgesetzt werden. Statt von völlig neuen Annahmen auszugehen und daraus eine Rede zu entwickeln, greifen wir auf eine bereits gehaltene Rede zurück.

Die nachfolgende Rede ist ein Grußwort des Bundespräsidenten *Johannes Rau*, das er auf dem Kongress „Musik bewegt?!" am 8. September 2003 in Berlin hielt. Hier der Wortlaut der ursprünglichen Fassung:

Grußwort

Wenn ich meinen Tagesablauf bedenke, dann wird mir bewusst, dass ich morgen Abend noch, wenn das Musikfest im Schloss Bellevue zu Ende ist, ins Flugzeug steige und nach China reise. Und da denke ich, muss ich Konfuzius zitieren. Konfuzius hat gesagt: „Musik erzeugt eine Art von Vergnügen, ohne die der Mensch nicht kann." Das ist ein merkwürdiger, ein interessanter Satz, denn es fehlt ihm ja eine Ergänzung zu dem Hilfsverb „kann". Konfuzius sagt nicht: „ohne die der Mensch nicht tanzen kann", oder „nicht lieben kann", oder „nicht fröhlich sein kann", er sagt nicht einmal, „ohne die der Mensch nicht leben kann". Sondern er sagt: „Musik ist eine Art von Vergnügen, ohne die der Mensch nicht kann". Das ist sehr absolut, das ist sehr umfassend ausgedrückt. Und wahrscheinlich ist es gerade deshalb auch richtig. Es ist die Musik, die den Menschen zum ganzen Menschen macht. In ihr kommen Gefühl und Geist, Seele und Körper zur Einheit. Die verschiedenen Rhythmen unseres Lebens drücken sich in Musik aus. Unsere so unterschiedlichen Empfindungen und Seelenregungen – Schmerz und Trauer, Hoffnung und Liebe, Angst und Zuversicht – finden ihren wahren Ausdruck oft in der Musik. Dem Einsamen kann Musik unendlich viel Trost schenken – und eine Gruppe kann durch gemeinsames Musizieren und Singen oder durch gemeinsames Hören zueinander finden. Musik ist die wirklich internationale Sprache, die überall verstanden wird.

Musik kann Träume und Utopien aller Menschen gültig zum Ausdruck bringen, gerade wenn die Wirklichkeit den Hoffnungen der Menschen noch längst nicht entspricht. Ernst Bloch hat einmal gesagt: „Die neunte Symphonie wird nicht zurückgenommen."

Inzwischen sind sich die Forscher darüber einig, dass der Mensch die Musik wohl früher hatte als die Sprache. Tanz und Rhythmus, Ton und Klang sind vermutlich die ersten Ausdrucksformen menschlicher Kultur gewesen. „Ohne die der Mensch nicht kann ..."

Wenn es je eine Zeit gegeben hat, die diesen Satz Tag für Tag und Stunde für Stunde beweist, dann ist es unsere Gegenwart. Noch nie in der Geschichte war Musik wohl so allgegenwärtig wie heute. Ob auf der Berghütte oder am Strand, ob in der U-Bahn oder am Flughafen, ob im Kaufhaus oder im Wartesaal, zu Hause oder im Auto: Musik ist überall – manchmal wie eine Plage. Manche Radiosender senden selbst ihre verstümmelten Kurznachrichten nur mit einem rhythmischen Musikteppich unterlegt.

Durch „Tonträger", wie man zusammenfassend sagt, kann jede Art von Musik jederzeit und an jedem Ort gehört werden. Für die meisten jungen Menschen spielt Musik eine überragende Rolle:

- Bestimmte Gruppen definieren sich durch eine besondere Art von Musik,

- *Verliebte drücken ihre Gefühle für den anderen aus, indem sie ihm CDs mit Musikstücken zusammenstellen,*

- *Konzerte von Pop-Größen sind monatelang vorher ausverkauft,*

- *manche Lieder, wie etwa im letzten Jahr Herbert Grönemeyers „Mensch", treffen den Nerv einer ganzen Generation.*

Seit Jahren schon gibt es Fernsehsender, die vornehmlich Musikvideos ausstrahlen; Sendungen mit so genannter Volksmusik machen noch immer Quote, und neuerdings werden dauernd so genannte „Superstars" gekürt, die selbst Grundschulkinder schon vor den Fernseher oder ins Konzert locken. Selbst bei Handys scheint es für viele nicht der geringste Reiz zu sein, dass sie sich eine möglichst originelle Melodie als Klingelton herunterladen.

An Musik herrscht also nun wahrlich kein Mangel in unserem Leben. Musik bewegt tatsächlich – und sie bewegt wirklich alle.

Und doch gibt es mit Recht Klagen und Sorgen. Ausgerechnet in einer Zeit, in der Musik so allgegenwärtig ist – von ihrer Art und von ihrer Qualität habe ich ja bisher überhaupt nicht gesprochen –, ausgerechnet da wird das aktive Musizieren junger Menschen immer weniger. Und ausgerechnet in einer Zeit, in der man angesichts der Fülle des Angebotenen ein Gefühl und Kriterien für Qualität bräuchte, droht die musikalische Bildung zu verkümmern.

Die Klagen sind nicht neu, die Sorgen werden nicht zum ersten Mal vorgetragen. Die Gründe für ein aktives Musizieren und für eine gute musische und musikalische Bildung sind längst alle genannt, sie sind alle unbestritten, sie brauchen eigentlich nicht noch einmal von Neuem wiederholt zu werden.

- *Inzwischen wissen wir alle, dass Musikalität der Intelligenz zumindest förderlich ist,*

- *inzwischen wissen wir alle, dass musisch kreative Menschen auch in anderen Bereichen des Lebens zu größeren Leistungen fähig sind,*

- *inzwischen wissen wir, dass die Bildungsmisere keineswegs bloß mit einer Verstärkung von Wissensfächern behoben werden kann,*

- *inzwischen wissen wir, wie sehr das Gemeinschaftserlebnis im Chor oder im Orchester die soziale Kompetenz fördert,*

- *inzwischen wissen wir, wie sehr ein guter musischer Unterricht, ob Kunst, Musik oder Theaterspielen, das allgemeine Lernklima an einer Schule positiv verändert,*

- *und inzwischen wissen wir alle, welche Bedeutung das Erlernen eines Instruments für die Selbstdisziplin hat. Ich selber habe das erfahren, als ich Geige spielte, bis die Lärmschutzverordnung in Kraft trat. Oder, wie es Ot-*

to Schily pointiert und richtig gesagt hat: „Musikschulen sind ein Beitrag zur inneren Sicherheit."

- *Wenn wir Kindern und jungen Menschen die Chance nehmen, selber zu musizieren und sich musikalisch zu bilden, dann berauben wir sie sehenden Auges um eine wesentliche Möglichkeit ihres Lebens. Mit Recht spricht man bereits von „musikalischer Versteppung" in Familien und Kindergärten, mit Recht wird angeprangert, dass der schulische und außerschulische Musikunterricht dramatisch verringert wird.*

Wir müssen begreifen, dass musikalische Bildung keine private Nebensache ist. Es sollte vielmehr zu unserem gesellschaftlichen Selbstverständnis gehören, dass musikalische Bildung zu den ganz großen Gütern gehört, auf die unsere Kinder genauso Anspruch haben wie auf das Lernen von Schreiben, Lesen und Rechnen. Eine Schule, die nicht Verstand und Sinne gleichermaßen anspricht, kann jungen Menschen keine Orientierung geben. Darum ist es wichtig und richtig, nicht mehr darauf zu warten, dass dieser Entwicklung entgegengesteuert wird. Forderungen zu stellen ist gut, aber Beispiele zu geben und Zeichen zu setzen ist besser.

Und darum gibt es heute diesen Kongress, bei dem es darum geht, sich möglichst konkret Gedanken über die Möglichkeiten musikalischer Bildung zu machen – und deswegen wird es morgen im Schloss Bellevue ein großes Fest geben unter dem Motto „Musik für Kinder!"

Ich freue mich darüber, dass der Deutsche Musikrat meine Anregung aufgegriffen hat und dass er diesen Kongress veranstaltet. Er meldet sich damit – nebenbei gesagt, Sie haben es erwähnt – nach einigen Turbulenzen mit einer besonders wichtigen Sache in der Öffentlichkeit zurück. Es ist gut, dass Sie zum Beispiel danach fragen und darüber diskutieren werden, wie man Musik vermitteln kann, wer musikalische Bildung verantwortet. Sie nehmen also eine kritische Bestandsaufnahme der Musikkultur vor und diskutieren neue Wege der Musikvermittlung.

Morgen, im Schloss Bellevue, soll es dann praktisch werden. Wir werden hunderte von Kindern und Jugendlichen aus ganz Deutschland dabei erleben können, wie sie selber Musik machen und andere zum Mitmachen bewegen. Auch Profis, auch prominente Musiker machen mit. Wenn ich Ihnen sage, dass Sir Simon Rattle und die Prinzen dabei sind, dann sehen sie, dass wir keinen eingeschränkten Begriff von Musik haben. Ganz viele haben mitgeholfen, dass dieser Projekttag zustande kam: Stiftungen, Institutionen, Unternehmen. Das ist fast schon eine große Koalition für Musik, aber die kann ruhig noch größer werden. In solchen Punkten bin ich gegen Allparteienkoalitionen nicht allergisch.

Viele Multiplikatoren sind eingeladen. Sie können sehen und hören, wie Musik Menschen bewegen und wie man Menschen zu Musik bewegen kann, wenn *man originelle, kindergerechte, qualitätsbewusste Wege geht. Musikerziehung kann ja gewiss nicht damit beginnen, dass man Kinder den Quintenzirkel auswendig lernen lässt. Musikerziehung beginnt – wie jede gute Pädagogik – damit, dass man die Freude an der Sache weckt.*

Ich glaube, dass wir das morgen erleben können. Natürlich weiß ich nicht im Einzelnen, was alles zu sehen und zu hören sein wird, ich kann mir aber schon vorstellen, dass sich hinter Projekten wie „Dein Körper ist die Trommel" oder „Schlagzeug macht Schule", hinter „Stomp in the classroom" oder auch „Verstehen durch Erfinden" Überraschendes und zum Nachmachen Anregendes verbirgt. Ich hoffe, dass das Fest ein Erfolg wird.

Ich hoffe, dass möglichst viele Menschen von dort möglichst viel Ermutigung und möglichst viele Ideen mitnehmen. Ich hoffe aber auch, dass ein solches Fest Nachahmer findet in den Ländern und den Regionen, in den Gemeinden und den Stadtteilen. Dazu möchte ich jedenfalls ermutigen.

Ermutigen möchte ich auch heute schon und von hier aus die vielen Menschen, die sich in den Schulen und Musikschulen oder wo auch immer dafür einsetzen, dass junge Menschen Freude an der Musik bekommen und behalten. Lassen Sie in Ihrem Engagement nicht nach. Sie erweisen unseren jungen Menschen und der ganzen Gesellschaft einen großen Dienst, und darum zum Schluss noch einmal: Wir brauchen Kreativität, wir brauchen Freude am Spiel, auch jenseits des Nützlichen. Wenn wir an Kürzungen denken, dann dürfen uns nicht immer zuerst Bildung und Kultur einfallen.

Lassen wir also in unserem Einsatz für musikalische Bildung nicht nach. Die Zukunftsfähigkeit unseres Landes und seine Lebensqualität hat auch mit dem Sinn für das Schöne zu tun, für das nicht Verzweckte, für das Musische. Und deshalb sind der heutige Tag und der morgige für uns, die wir hier sind, aber auch für alle anderen unendlich wichtig.

(Bundespräsident Johannes Rau, Reden und Interviews, Band 5.1, 2004, Presse- und Informationsamt der Bundesregierung, S. 62–67)

Bevor wir diesen Redetext semiografisch umformulieren, müssen wir noch einige neue Rahmenbedingungen setzen. Wir greifen zwar dasselbe Thema auf und richten die Rede an dasselbe Publikum, wechseln aber die Organisation und den Redner aus. An die Stelle des Bundespräsidialamtes tritt das fiktive Unternehmen HAMO, und statt des Bundespräsidenten Johannes Rau begrüßt unser Protagonist Karl die Gäste. Wir gehen also von folgenden Annahmen aus:

Äußere Annahmen:

- Veranstaltung

Es handelt sich um denselben Kongress „Musik bewegt?!". Er besteht aus zwei Teilen: Am ersten Tag werden Referate über die Musikerziehung und den Einsatz neuer Technologien in Schulen gehalten, und es finden Podiumsdiskussionen statt, während die Kinder am zweiten Tag im Freien mit neuen auf den Markt gebrachten Geräten selbst Musik produzieren und den Umgang mit ihnen erlernen. Dabei führt ein Mitarbeiter des Unternehmens die neuesten Modelle den Schulleitern und den Musikerziehern vor.

- Veranstalter

Veranstalter ist der „Verband für Musikerziehung und neue Technologien" (VEMUNET), in dem Musikerziehungsanstalten sich mit dem Ziel zusammengeschlossen haben, den Einsatz neuer Technologien in der Musikerziehung zu verbreiten.

- Datum

Juli 2003

- Ort

Kongresshalle Berlin

- Teilnehmer

Musikpädagogen, Musikerzieher/innen, Unternehmen und 30 bis 40 Kinder aus verschiedenen Musikerziehungsanstalten

- Hauptsponsor

u. a. Unternehmen HAMO

(HAMO entwickelt eine bestimmte Technologie, die Töne bzw. Klänge so rein und sauber wie möglich wiedergibt.)

- Grußwort

Als Gründer und Vorsitzender des Unternehmens HAMO hält Karl um 10.00 Uhr – nach der Begrüßung des Verbandsvorsitzenden – das Grußwort.

- Hauptsatz (Kernbotschaft)

Wir führen die technologische Entwicklung in der Branche an und setzen Maßstäbe für eine kindergerechte Musikerziehung.

Welches semiometrische Profil nun der Redner in seinem Grußwort umsetzt, hängt zum einen vom eigenen Werteprofil und zum anderen von dem seiner

Organisation und des Publikums ab. Die Rede muss also drei semiometrischen Profile berücksichtigen.

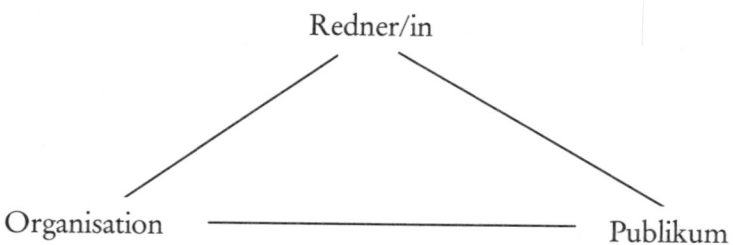

Abbildung 20: Die drei semitischen Profile

Die beiden leitenden Fragen lauten also:

- Welches ist das Werteprofil des Unternehmens?
- Welches ist das Werteprofil des Publikums?

Und damit sind wir bei den inneren Annahmen:

Redner:

Wie wir oben gesehen haben, kennzeichnen die Wertekategorien „rational", „sozial" und „pflichtbewusst" das semiometrische Profil von Karl.

Organisation (hier: das Unternehmen HAMO):

Das Unternehmen HAMO soll als „innovativ", „sozial" und „kompetent" auf dem Marktsegment „neue Technologien für Musikerziehung" erscheinen. Dabei setzen wir ferner voraus, dass das Unternehmen bereits über ein Selbstkonzept verfügt, aus dem semiometrische Daten abgeleitet werden können.

Publikum:

Die Musikerzieherinnen und Musikerzieher, also eine wichtige Zielgruppe für das Unternehmen, sind in der Regel „sozial" und „kulturell" ausgerichtet, wobei sie gegenüber der modernen Technik aufgeschlossen sind und diese in ihren Schulen auch einsetzen.

Der Redenmanager muss also das Dreieck Karl-HAMO-Publikum nach dem semiometrischen Modell konstruieren und folgende Werte miteinander verbinden:

„rational", „sozial", „pflichtbewusst"

(Der Redner: Karl)

+

„sozial", „kulturell"

(Das Publikum: Musikerzieher/innen)

+

„innovativ", „sozial", „kompetent"

(Das Unternehmen: HAMO)

1.3 Basisbegriffe auswählen

Bis hierher haben wir den ersten – Selbstkonzept erarbeiten – und den zweiten – Werteprofile erarbeiten – semiografischen Schritt vollzogen. Im dritten Schritt geht es um die Auswahl der passenden Basisbegriffe. Dabei stehen uns für alle drei Werteprofile folgende Begriffe zur Verfügung:

- Sozial

- Fröhlichkeit, ehrlich, heilen, Treue, miteinander, Vertrauen, Blume, Zuneigung, lachen, Humor

- Kulturell

- Theater, Kunst, Poesie, Buch, Zeremonie, Eleganz, Lebenskünstler, Präzision, Zauber, Leichtigkeit

- Rational

- Erfinder, Forscher, Wissenschaft, Erbauer, produzieren, Handel, Industrie, Logik, konkret, bauen

- Pflichtbewusst

- Schule, sparen, schreiben, Disziplin, tüchtig, unterrichten, Arbeit, Gesetz, Bescheidenheit, nachdenken

Die Auswahl aus diesem Vorrat erfolgt nach keinen festen Regeln. Oft legen schon Thema, Anlass, Ort, Publikum die Verwendung bestimmter Begriffe nahe. Hier z. B. fallen zwei Übereinstimmungen auf: Erstens weisen das Publikum und das Unternehmen gemeinsam die Wertekategorie „sozial" in ihrem Werteprofil auf, und zweitens eignen sich die Basisbegriffe „Schule" und „unterrichten" aus der Wertedimension „pflichtbewusst" auch für das Publikum, für Musiklehrerinnen, Musiklehrer und Schuldirektoren. Es ist also anzuraten, diese beiden Begriffe für die Rede auszuwählen. Da es sich auch um neue

Technologien handelt, könnte man sich aus der Wertedimension „rational" für die Wörter „Erfinder" und „bauen" entscheiden. Aus thematischer Sicht kommt für die Kategorie „kulturell" das Wort „Musik" infrage, ergänzt, dieses Mal eher zufällig, um den Begriff „Präzision". Aus der Dimension „sozial" wählen wir die Begriffe „miteinander" und „Fröhlichkeit".

Wieso ich gerade diese und nicht andere Wörter genommen habe, ist, wie gesagt, teils zufällig, teils vorgegeben. *Musik*, *Schule*, *unterrichten* sind vom Thema und Anlass her nahe liegend, während *Erfinder*, *bauen*, *Präzision*, *miteinander* und *Fröhlichkeit* eher zufällig herausgegriffen sind. Selbstverständlich steht es jedem Redenmanager frei, auch andere Begriffe zu verwenden. Auch im Laufe der Niederschrift einer Rede können Begriffe ausgetauscht und neue Konstellationen gebildet werden. Denn es gibt viele Möglichkeiten, Worte und Werte miteinander zu kombinieren.

Zusammenfassend haben wir für unsere Rede folgende zentralen Begriffe gewählt:

- „pflichtbewusst": „Schule", „Unterricht"
- „rational": „Erfinder", „bauen"
- „kulturell": „Musik"
- „sozial": „miteinander", „Fröhlichkeit"

Wie nun diese Begriffe in den Text eingebunden werden können, ist unterschiedlich. Dazu gibt es folgende vier Möglichkeiten: Gebrauchen, Ersetzen, Entgegensetzen und Umschreiben.

- Gebrauchen

In der Rede werden die ausgewählten Basisbegriffe einfach wiedergegeben. Beispiele:

- „Wissenschaft"
- „Treue"
- „Ozean"
- usw.

Der einfache Gebrauch kann durch Wiederholung in seiner Wirkung gesteigert werden. So steigt die Wahrscheinlichkeit, dass die mit dem Begriff einhergehenden Assoziationen sich stärker im Bewusstsein der Zuhörer einprägen. So hat z. B. *Johannes Rau* in seinen zehn großen Reden zwischen Juni 1985 (Regierungserklärung als Ministerpräsident von Nordrhein-Westfalen) und Ende August 1986 (Rede beim Nürnberger SPD-Parteitag zur Eröffnung des Hauptwahlkampfes zum Bundestagswahlkampf am 25.01.1987) das Wort „Mensch" 249 Mal verwendet, gefolgt von folgenden Begriffen:

Begriffe	Häufigkeit des Gebrauchs
Mensch	249 x
(Bundes-/Länder-)Regierung	182 x
Politik	144 x
Arbeit	83 x
Bürger/innen	76 x
Gesellschaft	73 x
Partei	73 x
Arbeitnehmer/innen	67 x
Zukunft	63 x

Der häufige Gebrauch des Wortes „Mensch" war nicht zufällig. Ziel war es, mit diesem Wort Assoziationen hervorzurufen, die sein Erscheinungsbild als „menschlichen" Politiker prägen sollten. Sein Slogan „Versöhnen statt spalten" fügt sich mühelos in diesen Kontext ein. Die Wiederholung kann sich natürlich auch auf die Kernbotschaft als einen Satz beziehen: Der Redner spricht ihn z. B. am Anfang, in der Mitte und zum Schluss der Rede aus, um seine Botschaft stärker im Gedächtnis des Publikums zu verankern. In unserer Rede handelt es sich um den Satz: „Wir führen die technologische Entwicklung in der Branche an und setzen neue Maßstäbe für eine kindergerechte Musikerziehung."

• Ersetzen

Die Rede ersetzt die Basisbegriffe durch sinnverwandte Begriffe. Beispiele: „gemeinsam" („miteinander") „errichten" („bauen")

• Entgegensetzen

Die Rede verwendet Antonymen im negativen Kontext, denn die angestrebte Wirkung hängt immer von der positiven bzw. negativen Konnotation eines Basisbegriffes ab. Beispiele:

„Auf eine so völlig chaotische und schlampige Weise" (Gegensatz zu „Präzision")
„Menschen, die keine Ideen haben und immer andere nachäffen" (Gegensatz zu „Erfinder")
„Und uns blockiert weiterhin das Vorurteil: Menschlichkeit spiele keine Rolle im Geschäft" (in unserem früheren Text „Standort Deutschland")
„Vor allem aber brauchen wir vitale Menschen und keine dressierten Maschinen"
(vgl. ebd.)

- Umschreiben

Statt eines Begriffes verwendet die Rede dessen denotative Bedeutung. Beispiele:
– „von Freude erfüllt" („fröhlich")
– „nach einem bestimmten Plan in einer bestimmten Bauweise ausführen" („bauen")

Für die von uns ausgewählten Basisbegriffe hält das Wörterbuch folgende Hinweise bereit:

---

miteinander

1. einer, eine, eines mit dem, der anderen: **2.** gemeinsam, zusammen, im Zusammenwirken

fröhlich

1. a) von Freude erfüllt; unbeschwert froh: **b)** vergnügt, lustig, ausgelassen: **c)** unbekümmert: **2.** Freude bereitend; vergnüglich

bauen

1. nach einem bestimmten Plan in einer bestimmten Bauweise ausführen [lassen], errichten, anlegen: **2. a)** einen Wohnbau errichten, ausführen [lassen]: **b)** einen Bau in bestimmter Weise ausführen: **3.** mit dem Bau von etw. beschäftigt sein: **4. a)** entwickeln, konstruieren: **b)** herstellen, anfertigen: **5.** in bestimmter Weise technisch hergestellt, gebaut sein: **6.** sich auf jmdn., etw. verlassen können; jmdm. fest vertrauen: **7. a)** (eine Prüfung o. Ä.) machen, ablegen: **b)** (etw. Negatives) machen, verursachen: **8. a)** (selten) zu Ertragszwecken anbauen: **b)** (Land) bestellen, mit etw. bebauen: **9.** sich als Bauwerk erheben, gebaut sein

Erfinder

jmd., der etw. erfindet **(1)**, einen Gegenstand, eine Verfahrensweise, einen neuen Gedanken o. Ä. als Erster hervorbringt: **Redewendung:** das ist nicht im Sinne des -s (ugs.; das ist nicht so gedacht gewesen)

Präzision

Eindeutigkeit, Klarheit, Genauigkeit

Unterrichten

1. a) (als Lehrperson) Kenntnisse (auf einem bestimmten Gebiet) vermitteln; als Lehrperson tätig sein; Unterricht halten: **b)** ein bestimmtes Fach lehren: **c)** jmdm. Unterricht geben, erteilen: **2. a)** von etw. in Kenntnis setzen; benachrichtigen; **b)** sich Kenntnisse, Informationen o. Ä. über etw. verschaffen; sich orientieren

---

Schule

1. Lehranstalt, in der Kindern u. Jugendlichen durch planmäßigen Unterricht Wissen u. Bildung vermittelt werden: **2.** Schulgebäude: **3.** in der Schule erteilter Unterricht: **4.** Ausbildung, durch die jmds. Fähigkeiten auf einem bestimmten Gebiet zu voller Entfaltung kommen, gekommen sind; Schulung: **5.** Lehrer- u. Schülerschaft einer Schule: **6.** bestimmte künstlerische od. wissenschaftliche Richtung, die von einem Meister, einer Kapazität ausgeht u. von ihren Schülern u. Schülerinnen vertreten wird: **7.** Lehr- u. Übungsbuch für eine bestimmte [künstlerische] Disziplin: **8.** Schwarm (von Fischen)

Musik

1. a) Kunst, Töne in bestimmter (geschichtlich bedingter) Gesetzmäßigkeit hinsichtlich Rhythmus, Melodie, Harmonie zu einer Gruppe von Klängen u. zu einer stilistisch eigenständigen Komposition zu ordnen; Tonkunst: **b)** Erzeugnis[se], Werke der Musik **2.** Musikkapelle

Unsere bisherigen Erörterungen haben sich auf die ausgewählten Basisbegriffe bezogen. Damit ist aber der dritte semiografische Schritt noch nicht vollendet, denn im Selbstkonzept des Unternehmens HAMO tauchen zwei weitere Begriffe auf, die keiner semiometrischen Wertekategorie zugeordnet werden können: Innovation und Kompetenz. HAMO will als ein „innovatives" und „kompetentes" Unternehmen wahrgenommen werden. Auch wenn diese Begriffe nicht in der semiometrischen Basismappe vorkommen, sind sie Eindrücke, die imageprägend für das Unternehmen sind und dessen Selbstkonzept kennzeichnen.

Hier können wir uns jener sprachlichen Techniken bedienen, die wir im ersten Teil der Theorie des Impression Management kennen gelernt haben. Wir können beide Begriffe darstellen, indem wir zwischen *Bedeutung* und *Verhalten* unterscheiden. Bedeutung meint die Denotation des Begriffes; Verhalten bezieht sich hingegen auf sprachliche Verhaltensweisen, die zur Schlussfolgerung bzw. Interpretation führen: „Das Unternehmen ist ‚innovativ' und ‚kompetent'" f.

Bedeutung:

„innovativ"

Es handelt sich um Menschen oder Unternehmen, die geplant und kontrolliert Veränderungen im sozialen und politischen System oder aber in der Wirtschaft und Technik einleiten. Mit „Innovation" sind sinnverwandt die Begriffe „Erneuerung" und „Reform".

Verhalten:

Wer „innovativ" ist, verhält sich
- neugierig
- aufgeschlossen gegenüber dem Neuen
- mutig; bereit, unkonventionelle Wege zu gehen
- lernbegierig
  etc.

Man könnte diese Liste fortführen. Aber schon diese vier Möglichkeiten zeigen, welche Verhaltenweisen den Eindruck „innovativ" erzeugen können. Flicht der Redner alle diese vier Möglichkeiten in die Rede ein, dann steigert er die Wahrscheinlichkeit, dass die Zuhörer dem Redner oder dem Unternehmen das Adjektiv „innovativ" auch zusprechen. Selbstverständlich kann man auch hier diese Begriffe und Sätze einfach eins zu eins übernehmen und in den Redetext einfügen, doch ist es überzeugender, wenn Zuhörer diese Verbindung implizit selbst herstellen. Generell gilt: Es ist überzeugender und glaubwürdiger, wenn andere zu dem von uns erwünschten Schluss kommen, als wenn der Redner diese Eindrücke ausspricht und sie explizit für sich in Anspruch nimmt. Denn wer will schon nicht als „sozial", „verantwortungsbewusst", „human", „innovativ" oder „kreativ" erscheinen?

Zwei Beispiele: Folgende Absätze wollen nun den Eindruck innovativ vermitteln.

1. „Wir sind ein innovatives Unternehmen, das auf dem neuesten Stand der Technik ist und Marktführer in seiner Branche."

2. „Wir fragen uns jeden Tag vom Neuen: Wie können wir unsere Produkte verbessern? Was brauchen die Menschen? Worauf kommt es an? Unsere Mitarbeiterinnen und Mitarbeiter betreiben weltweit Grundlagenforschung und entwickeln neue Produkte. Einige von ihnen haben sogar Innovationspreise gewonnen. Doch ist es nicht unser Ziel, Preise zu gewinnen, sondern hochwertige Produkte herzustellen, die den Menschen zugute kommen und die technologische Entwicklung vorantreiben. Das ist unser Ehrgeiz."

Während der erste Absatz die Botschaft ausspricht („Wir sind ein innovatives Unternehmen"), umschreibt der zweite Absatz jenes Verhalten, das den Eindruck „innovativ" nur implizit wecken sollte, ohne in Selbstbeweihräucherung zu verfallen.

Dasselbe gilt auch für das Adjektiv „kompetent".

Bedeutung:
- sachverständig

- befähigt

- zuständig

Verhalten:

Ein kompetenter Mensch oder eine kompetente Organisation

- kennt sich in der Materie aus,

- ist von Experten anerkannt,

- setzt Maßstäbe,

- ruht sich nicht auf dem Gekonnten oder Gewussten aus, sondern hält Ausschau auf

Verbesserung.

Auch hier können wir zwei Varianten konstruieren:

1. „Wir sind ein kompetentes Unternehmen in der Branche XY, das von unseren Kunden auch deshalb geschätzt wird."

2. „Auf die Frage eines Journalisten, die mich gestern nach den neuesten Trends in XY gefragt hat, habe ich geantwortet: Wenn man die Trends kennt, sind sie schon fast veraltet. Deshalb sage ich Ihnen nicht, was heute der Trend ist – das können Sie auch von anderen erfahren – sondern das, was morgen zum Trend wird."

Der erste Absatz nennt wieder ausdrücklich den erwünschten Eindruck und nimmt ihn für sich in Anspruch. Der zweite Absatz unterstreicht die Kompetenz des Unternehmens und vermeidet abgegriffene Sätze wie: „wir sind kompetent", „wir setzen Maßstäbe" etc. Damit erhöht er die Glaubwürdigkeit der Aussage. Gleichzeitig aber geht diese zweite Variante das Risiko ein, großspurige und hochnäsige Äußerungen zu enthalten. Ob nun dieser Absatz in der Wahrnehmung der Menschen mehr Kompetenz – den erwünschten Eindruck – oder Arroganz – den Risiko-Eindruck – oder beide hervorbringt, hängt letztlich vom Kontext ab.

1.4   Werteprofile umrahmen

Nun kehren wir zur Rede zurück und vollziehen den vierten und letzten semiografischen Schritt: die Umrahmung. Hier geht es um den widerspruchslosen Gesamteindruck der Rede, welcher durch Verbindung der drei Werteprofile erreicht werden kann. Die von uns ausgewählten Werte und dazugehörigen Worte lassen sich z. B. durch folgende Feststellungen verbinden, die im Redetext wiederum entweder ausdrücklich und dem „Verhalten" nach getroffen werden können:

1. Kunst und Technik sind desselben Ursprungs.

2. Miteinander musizieren und miteinander neue Technologien entwickeln.

3. Beide Tätigkeiten bereiten den Beteiligten Freude.

4. Eine Komposition ist wie der Bau eines Gerätes.

5. Ingenieure und Komponisten sind beide Erfinder.

6. Präzision ist in der Wiedergabe von Tönen genauso erforderlich wie in der Komposition und Aufführung von Werken.

7. Indem wir Innovationen auf den Markt bringen, verbessern und erleichtern wir die Musikerziehung in Schulen.

Auch diese Liste kann beliebig erweitert werden. Entscheidend ist nur die widerspruchslose Verbindung der drei Werte. In der Rede soll der Eindruck entstehen, dass Technik („rational") dem Sozialen nicht widerspricht, sondern es eher fördert. Technik darf auch keinen Gegensatz zur Musik („kulturell") bilden, sondern soll in diesem konkreten Fall sogar eine Stütze für Musikerzieherinnen und Musikerzieher darstellen. Entscheidend ist das Werteprofil des Publikums, dem das Werteprofil des Unternehmens und des Redners/der Rednerin entsprechen soll. Anders ausgedrückt: Die Redner müssen ihr Anliegen und das Anliegen ihrer Organisationen in den Werterahmen des Publikums einbetten. Ganz allgemein gilt für Umrahmungen folgendes Schema:

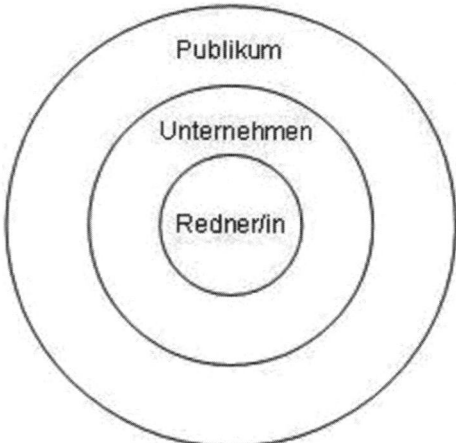

Abbildung 21: Umrahmung: der vierte semiografische Schritt

Hier soll nicht über die Aufbaustrategien einer Rede gesprochen werden und auch nicht über Einstiegsmöglichkeiten oder über den Nutzen kurzer Sätze oder über die Bedeutung der bildhaften Sprache usw. Dazu gibt es genügend

Literatur (vgl. VON TROTHA, UEDING). Dennoch sei hier auf Folgendes hingewiesen: Würde man gleich zu Beginn der Niederschrift eines Redetextes diese Werteprofile und die dazugehörigen Begriffe, Umschreibungen, Wiederholungen, Entgegensetzungen usw. im Detail anwenden, wäre die Denkblockade groß und der Gedankenfluss zäh. Zuerst muss vielmehr die Einbildungskraft freien Lauf nehmen und sich voll entfalten können. Da der Text ein Redetext ist, und das ist der entscheidende Punkt, muss er aus der Rede selbst entstehen. Das heißt: Der Redemanager soll sich nicht an den Computertisch setzen und die Rede in den Rechner eintippen, sondern sich in die Lage des Redners hineinversetzen und, im ersten Schritt, die Rede aus dem Stegreif halten. Diese spontane Rede wird inhaltlich chaotisch und stilistisch brüchig sein. Das macht aber nichts. Es ist aber wichtig, dass sie dann im zweiten Schritt mit einem Diktiergerät aufgezeichnet und anschließend, im dritten Schritt, in schriftliche Form gebracht wird. Erst dann, im vierten und letzten Schritt, soll der Redemanager die semiografischen Überlegungen in den Text einfließen lassen. Nur auf diese Weise bleibt der Rede*text* ein *Rede*text und keine „Schreibe".

Fassen wir die einzelnen semiografischen und schreibtechnischen Schritte zusammen:

1. Selbstkonzept erarbeiten

2. Werteprofile erstellen

3. Basisbegriffe auswählen

4. Werteprofile umrahmen

5. Aus dem Stegreif reden

6. Rede aufzeichnen

7. Aufzeichnungen niederschreiben

8. Den Text semiografisch überarbeiten

Nun können wir den ursprünglichen Text der Rede nach Maßgabe der erarbeiteten Werteprofile umformulieren. Auch hier bleibt diese Variante nur eine unter vielen anderen möglichen Fassungen.

Grußwort

Sehr geehrte Damen und Herren,

1. *Wenn ich meinen Tagesablauf bedenke, dann wird mir bewusst, dass ich morgenAbend noch, wenn das Musikfest bei uns zu Ende ist, ins Flugzeug steige und nachChina reise. Und da denke ich, muss ich Konfuzius zitieren. Konfuzius hat gesagt:„Musik erzeugt eine Art von Vergnügen, ohne die der Mensch nicht kann." Das istein merkwürdiger, ein interessanter Satz, denn es fehlt ihm ja eine Ergänzung zudem Hilfsverb „kann". Konfuzius sagt nicht: „ohne die der Mensch nicht tanzenkann", oder „nicht lieben kann", oder „nicht fröhlich sein kann", er sagt nicht einmal: „ohne die der Mensch nicht leben kann". Sondern er sagt: „Musik ist eine Artvon Vergnügen, ohne die der Mensch nicht kann". Das ist sehr absolut, das ist sehrumfassend ausgedrückt. Und wahrscheinlich ist es gerade deshalb auch richtig.*

2. *Es ist die Musik, die den Menschen zum ganzen Menschen macht. In ihr kommenGefühl und Geist, Seele und Körper zur Einheit. Inzwischen sind sich die Forscherdarüber einig, dass der Mensch die Musik wohl früher hatte als die Sprache. Tanzund Rhythmus, Ton und Klang sind vermutlich die ersten Ausdrucksformen derKultur gewesen, in der Menschen auch gelernt haben zusammenzuleben. „Ohne dieder Mensch nicht kann ..." Ich füge hinzu – weder als Einzelwesen noch als Gemeinschaft.*

3. Wenn es je eine Zeit gegeben hat, die diesen Satz Tag für Tag und Stunde für Stundebeweist, dann ist es unsere Gegenwart. Noch nie in der Geschichte war Musik wohlso allgegenwärtig wie heute. Ob auf der Berghütte oder am Strand, ob in der U-Bahn oder am Flughafen, ob im Kaufhaus oder im Wartesaal, zu Hause oder im Auto: Musik ist überall. Manche Radiosender senden selbst ihre Kurznachrichten nurmit einem rhythmischen Musikteppich unterlegt.

4. *Durch „Tonträger" kann jede Art von Musik jederzeit und an jedem Ort gehört werden. CDs werden mit Musikstücken zusammengestellt, bei Handys werden originelle Melodien als Klingeltöne heruntergeladen, und vom Internet werden Lieblingsstücke heruntergeladen. Konzerte von Pop-Größen sind monatelang vorher ausverkauft, manche Lieder, wie etwa im letzten Jahr Herbert Grönemeyers „Mensch", treffen den Nerv einer ganzen Generation. Musik bewegt – und sie bewegt alle.*

5. *Auch in Schulen. Fast alle Schülerinnen und Schüler haben Handys und Computer, Videokameras, Fernsehen, Monitore; sie gehen mit diesen Geräten teilweise so professionell und kreativ um, dass Experten richtig neidisch werden können.*

6. *Meine Damen und Herren, seit zwei Jahren benutzen fast alle Schulen unsere XXX-Geräte im Musikunterricht. Ohne Technik und neue Technologien ist heutzutage Musik nicht vorstellbar. Weder in der kreativen Phase noch in der Wiedergabe von Noten noch im Unterricht. Ich behaupte sogar, dass nur mit dem Einsatz technologischer Innovationen Musik breite Massen erreichen und das Musikbewusstsein der Schüler in unterschiedlichsten Bildungsstätten geschärft werden kann. Und genau hier Akzente zu setzen ist für unser Unternehmen eine große Herausforderung.*

7. *Unser Unternehmen beschäftigt exzellente Ingenieure. Sie sind keine Berufsmusiker, aber die meisten von ihnen sind Mütter und Väter, die sich der Bedeutung des Musikunterrichts in Schulen bewusst sind. Das ist ihre Motivation. Tüchtig, gewissenhaft und zielstrebig arbeiten sie in ihren Werkstätten und strahlen Freude aus, wenn sie technisch hervorragende Produkte entwickelt haben. Manch ein Experte behauptet, wir produzierten die besten XXXs weltweit. Darüber freue ich mich. Darüber freuen wir uns alle im Unternehmen. Das zeigt, dass wir erstens unserer Pflicht gegenüber unseren Aktionären und Kunden nachkommen. Aber wir kommen auch unserer gesellschaftlichen Verpflichtung nach, die wir uns selbst gestellt haben: Schulen, Lehrerinnen und Lehrern, Schülerinnen und Schülern Produkte zur Verfügung zu stellen, die ihnen die Musik besser und qualitativ hochwertiger näher bringen.*

8. *Ich habe selbst eine Sängerin als Mutter und einen Geiger als Vater. Selbst aber bin ein Ingenieur geworden, der gerne erforscht, erfindet und produziert. Nicht deshalb, weil ich mich von der Musik entfernt habe, sondern, weil ich mich der Musik anders genährt habe. Über Wissenschaft, Forschung und Entwicklung. Meine Eltern waren zwar ein wenig enttäuscht, aber sie haben meine Eskapaden trotzdem verziehen. Viele meinen immer noch, dass Kunst und Technologie nichts miteinander zu tun hätten: Die eine sei frei, beflügelt durch Musen, die andere trocken, logisch, jedenfalls ohne Fantasie. Ich habe aber auch bei mir festgestellt, dass auch Musik präzise, logisch und stringent aufgebaut sein muss und umgekehrt Technologie ohne Fantasie nicht auskommen kann.*

9. *Musikalität fördert die Intelligenz; musisch kreative Menschen sind auch in anderen Bereichen des Lebens zu größeren Leistungen fähig; das Gemeinschaftserlebnis im Chor oder im Orchester fördert die soziale Kompetenz; ein guter musischer Unterricht verändert das allgemeine Lernklima an einer Schule positiv; das Erlernen eines Instruments hat eine große Bedeutung für die Selbstdisziplin und Selbsterziehung. Es sollte vielmehr zu unserem gesellschaftlichen Selbstverständnis gehören, dass musikalische Bildung zu den ganz großen Gütern gehört, auf die Schüler genauso Anspruch haben wie auf das Lernen von Schreiben, Lesen und Rechnen.*

10. *Deshalb gibt es heute diesen Kongress, bei dem es darum geht, sich möglichst konkret Gedanken über die Möglichkeiten musikalischer Bildung zu machen – und zwar mit neuesten technologischen Innovationen. Morgen soll es dann praktisch werden. Wir werden viele Kindern und Jugendliche aus ganz Deutschland dabei erleben können, wie sie selber – wer weiß, vielleicht als angehende Ingenieure – gemeinsam mit den Profis an neuen Techniken und Technologien basteln, um präzise und saubere Töne zu erzeugen. Dabei werden sie auch die zweite Generation von XXX kennen lernen und mit unseren Experten sogar an der Entwicklung der dritten Generation aktiv teilnehmen.*

11. *Unsere Techniker werden nicht nur Geräte vorführen, sondern sich mit den Kindern unterhalten und ihre Bedürfnisse kennen lernen. Im Anschluss an unseren Kongress werden wir dann das Gespräch mit Schulen und Musikerzieher/innen suchen, um Erfahrungen auszutauschen und voneinander zu lernen.*

12. *Musikerziehung beginnt – wie jede gute Pädagogik – damit, dass man die Freude an der Sache weckt. Freude an der Musik und – hoffentlich – Freude an der Technik. Es erfüllt uns mit Genugtuung, wenn wir mit unseren Produkten Freude an der Musik, den Erfolg in der Erziehung und gesellschaftliche Verantwortung miteinander verbinden können.*

Dieser Text besteht aus 12 Absätzen und enthält folgende semiometrischen Schwerpunkte:

Abs. 1-3	„sozial", „kulturell" (Publikum)
	„Kultur", „zusammen", „Gemeinschaft"
	„allgegenwärtig" (bei allen, nicht nur bei einer Schicht)
Abs. 4	Verbindung Musik – Technik
	„Musik"
	„Tonträger", „CD", „Handy", „herunterladen"
Abs. 5-6	Verbindung: Technik – Schule
	„Handy", „Computer", „Videokamera", „Fernsehen", „Monitore"
	„Schule", „Schülerinnen", „Schüler"
Abs. 7	„innovativ", „sozial", „kompetent" (Unternehmen)
	„exzellente Ingenieure", „hervorragende Produkte"
	„gesellschaftliche Verpflichtung"
	„Manch ein Experte behauptet ..."

Worte wie „tüchtig", „arbeiten", „Pflicht", „gewissenhaft" fließen ebenfalls in diesen Absatz ein, die zwar der Wertekategorie „pflichtbewusst" entstammen, aber den Übergang zum Redner, der selbst dem Unternehmen angehört, herstellen (Verbindung: Unternehmen – Redner).

Dieser Absatz enthält auch die Kernbotschaft der Rede: *„Manch ein Experte behauptet ... Aber wir kommen auch unserer gesellschaftlichen Verpflichtung nach..."* Verbindung: Technik-sozial)

Abs. 8	„rational", (Redner)
	„ Wissenschaft", „Entwicklung" (= bauen), „erfinden", „produzieren"
	„ Viele meinen ... "(Verbindung: Musik – Technik)
Abs. 9	Verbindung „sozial" – „pflichtbewusst"
	„Gemeinschaftserlebnis", „soziale Kompetenz"
	„Schule", „Disziplin", „Schreiben"
Abs. 10	Verbindung: Musik – Technik
	„musische Bildung" – „technologische Innovation"
Abs. 11–12	Verbindung: Unternehmen – Publikum
	„ Techniker", „ Geräte", „Produkte", „ Technik"
	„Freude", „ Genugtuung", „gesellschaftliche Verantwortung"

Zentral sind in diesem Text folgende Wörter mit mehrmaliger Widerholung:

Begriff	Häufigkeit des Gebrauchs	
Musik	28 x	(Wertedimension: Kultur)
Schule (Schüler)	11 x	(Wertedimension: Pflichtbewusst)
Freude (fröhlich)	6 x	(Wertedimension: Sozial)
miteinander	5 x	(Wertedimension: Sozial)

(gemeinsam, zusammen)

Wie sollen nun die Eindrücke in einer Rede angeordnet werden? In der klassischen Rhetorik werden bei Argumenten drei Anordnungen empfohlen: die Abfolge nach zunehmendem Gewicht (Beginn mit dem schwächsten Argument), die nach abnehmendem Gewicht (Schluss mit dem schwächsten Argument) und die Abfolge, bei der die stärksten Argumente an Anfang und

Ende stehen und die anderen einschließen. Bevorzugt ist diese letzte Variante, weil beim ersten die Aufmerksamkeit des Publikums nachlässt und beim zweiten der letzte Eindruck am ehesten haften bleibt – das schwächste Argument schwächt die Überzeugungskraft der gesamten Rede. Welches Argument aber das stärkste und welches das schwächste ist, kann nur im Hinblick auf das Thema und das Publikum festgestellt werden. Bestehende Größen gibt es nicht.

Im Falle der Eindrücke geht es darum, welcher Teil der Rede dem semiometrischen Profil des Publikums entspricht. Anders ausgedrückt: Je stärker das Werteprofil des Publikums diejenigen der Organisation und des Redners umrahmt, umso überzeugender ist die Rede für das Publikum. In unserer Rede findet sich das Publikum gleich im ersten Teil (Abs. 1–3) wieder. Sein Profil ist hier scharf umrissen und an die oberste Stelle gesetzt. Diese Phase der *„captatio benevolentiae"* (Erringung des Wohlwollens) bereitet den Boden für die Einführung der anderen beiden Werteprofile. Im letzten Teil (Abs. 11–12) umrahmt das Werteprofil des Publikums das des Unternehmens.

Das Risiko bzw. der Erfolg der Rede hängt weniger von der schlüssigen bzw. unschlüssigen Beweisführung ab als von den übereinstimmenden Werteprofilen des Publikums, des Redners und der Organisation. Denn das Ziel einer Rede ist nicht die Ableitung der Wahrheit der Schlussfolgerungen von der Wahrheit der Prämissen, wie in der Logik, sondern die Übertragung der den Prämissen eingeräumten Zustimmung seitens des Publikums auf die zu schließenden Folgerungen. Die „Umrahmung" (= Zustimmung zu den Prämissen) erhöht die Wahrscheinlichkeit, dass das Publikum die vom Redner erwünschten Schlussfolgerungen bzw. Inferenzen zieht und, wie in unserem Beispiel, dem Unternehmen Innovationskraft, Kompetenz, soziale Gesinnung und dem Redner Pflichtbewusstsein zuschreibt.

2. Reden und ihre Wirkungen

2.1 Wirkungskontrolle

Reden sind auf Wirkung angelegt. Wer redet, bewirkt etwas, ungeachtet dessen, ob die ausgelöste Wirkung der Absicht des Redners entspricht oder ihr eher entgegentritt. Gemäß dem in der Einleitung dargestellten Modell der Kommunikation entfaltet sich die Wirkung jeder Rede auf vier Ebenen:

Information: Hat das Gegenüber mich verstanden?

Beziehung: Was glaubt mein Gegenüber, wie ich zu ihm stehe?

Selbstdarstellung: Wie nimmt mein Gegenüber mich wahr?

Appell: Zu welcher Handlung fühlt mein Gegenüber sich angestoßen?

Jede Rede hält Antworten auf diese vier Fragen bereit, und jedes Publikum hört die Antworten aus der Rede heraus. Für das Redemanagement lauten daher die beiden zentralen Fragen:

1. Wie können bestimmte Wirkungen gezielt angesteuert werden?

2. Wie kann festgestellt werden, ob und in welchem Ausmaß die Rede die angestrebten Wirkungen auch erzielt hat?

Die bisherigen Überlegungen haben versucht, die Antwort auf die erste Frage in Impression Management bzw. Semiometrie zu finden. Nun widmen wir uns der zweiten Frage.

Die klassische Rhetorik kennt drei Wirkungen, auf welche Reden abzielen:

1. Belehrung (docere)

2. Erregung sanfter, milder Affekte (delectare)

3. Erregung von Leidenschaft (movere)

Über die Wirkung von Reden schreibt *Augustinus: „So wie der Zuhörer erfreut werden muss, damit seine Aufmerksamkeit erhalten bleibt, ebenso muss er erschüttert werden, damit er zum Handeln bewegt wird. Wie es erfreut, wenn der Redner angenehm spricht, so wird man erschüttert, wenn man schätzt, was der Redner verspricht, wenn man fürchtet, was er androht, hasst, was er anklagt, freudig empfängt, was er empfiehlt, betrauert, was er als betrauernswert hervorhebt, sich über das freut, was er als Anlass zur Freude preist, sich derer erbarmt, die er als erbarmenswürdig in seiner Rede vor Augen stellt, und wenn man diejenigen meidet, die er in Abschreckung als Leute vorstellt, vor denen man sich in Acht nehmen muss – und was auch immer sonst noch durch die Beredsamkeit im erhabenen Stil erreicht werden kann, um die Gemüter der Zuhörer zu erschüttern, nicht damit sie wissen, was getan werden muss, sondern damit sie das tun, wovon sie bereits wissen, dass es getan werden muss.*" (AUGUSTINUS, 2002, S. 172–173)

Übersetzt in moderne Terminologie, wie wir sie im Zielsystem von Kampagnen gesehen haben, entspricht *docere* der Informationsübermittlung, *delectare* der Einstellungsänderung und *movere* der Verhaltensänderung. So gefasst, tritt die auf ausgefeilter Affektenlehre fußende klassische Dreiteilung nicht mehr als Zielsystem auf, sondern, insbesondere die beiden letzten, als emotionale Mittel: Die Einstellungsänderung vollzieht sich auf Grund milder Affekte, während die Verhaltensänderung stärkerer Gefühle bedarf. Ob allein milde Gefühle oder starke Leidenschaften ausreichen, um Einstellungen und Verhaltensweisen zu ändern oder zu festigen, sei dahingestellt. Vielleicht mögen sie kurzfristig bestimmte Verhaltensweisen auszulösen, anhaltende Wirkung auf Einstellungen, Meinungen oder Verhaltensweisen aber werden sie schwer ausüben können.

Den drei oberen Zielen entsprechen, nach der klassischen Rhetorik, auch drei Stile:

1. Sachlich-nüchtern

   Dieser Stil erfordert Treffsicherheit und entspricht dem alltäglichen Sprachgebrauch.

2. Mild

   Dieser Stil bedient sich mäßig der Tropen (z. B. Synekdoche, Ironie, Metonymie usw.) und Figuren (z. B. Klimax, Epipher, Chiasmus usw.) und löst keine extremen Gefühle aus. Er soll Sympathie wecken, Langeweile vertreiben und Aufmerksamkeit erregen.

3. Schwer, pathetisch, groß

   Dieser Stil bedient sich vieler Tropen und Figuren und weckt große Gefühle und Leidenschaften wie Furcht, Neid, Hoffnung, Begierde, Schauder und Mitleid, Hass und Liebe. Der angemessene Ort für diesen Stil ist der Schluss der Rede. Um nicht künstlich zu wirken, muss dieser Teil von kurzer Dauer sein (vgl. UEDING/STEINBRINK, S. 279–282).

Die Stilistik gilt als der Nachfahre der Rhetorik. Beide wenden sich unterschiedlichen Aspekten der Textpragmatik zu. Die Rhetorik interessiert sich für die Wirkung einer Rede auf das Publikum, also auf Textrezeption, während die Stilistik ihren Blick auf textuelle Einmaligkeiten richtet und an der Textproduktion interessiert ist. Erfolgreich kann heutzutage ein Redemanagement nur dann sein, wenn er beide Aspekte zueinander führt und in der

Stilistik die Wirkung auf das Publikum und in der Rhetorik die textuellen Eigenheiten beachtet – ein in der praktischen Rhetorik noch unbeackertes Feld.

Wie aber Wirkungen festgestellt werden können, bleibt in der klassischen Rhetorik unbeantwortet. Wie stellen wir fest, ob Menschen „erfreut" oder „erschüttert" sind, ob sie „fürchten" oder „hassen"? Drücken sich diese Gefühle in Aktionen aus, dann scheint die Beobachtung von Verhaltensweisen das nahe liegende Instrument zur Auswertung von Wirkungen zu sein. Dafür bringt *Augustinus* folgendes Beispiel aus seiner eigenen Tätigkeit als Redner:

„Als ich einmal in Caesarea in Mauretanien das Volk davon überzeugen wollte, von einem Bürgerkrieg abzulassen, der schon mehr als bürgerlich war und den sie ‚Gruppenschlacht' nannten (denn nicht bloß Mitbürger, sondern auch Verwandte, Geschwister, sogar Eltern und Kinder teilten sich durch Grenzsteine untereinander in zwei Teile und kämpften in einem Ritual mehrere Tage lang ununterbrochen zu einer bestimmten Jahreszeit miteinander, und jeder tötete, so viele er konnte), da habe ich mich freilich nach besten Kräften im erhabenen Stil darum bemüht, durch meine Rede ein so grausames und alteingebürgertes Übel aus ihren Herzen und Sitten herauszureißen und zu vertreiben. Trotzdem habe ich nicht geglaubt, etwas bewirkt zu haben, als ich sie Beifall spenden hörte, sondern als ich sie weinen sah. Mit ihren Beifallsrufen zeigten sie zwar an, dass sie belehrt und erfreut werden, mit Tränen aber, dass sie erschüttert werden. Sobald ich diese Tränen sah, war ich überzeugt, dass jene maßlose Gewohnheit, die von den Eltern, Großeltern und einer Reihe von Vorfahren übernommen worden war und ihre Herzen feindlich belagerte oder vielmehr in Besitz nahm, besiegt worden war, schon bevor sie dies durch ihr Verhalten zeigten." (Augustinus, 2002, S. 201–202)

Dieser Text zeigt erstens, dass Augustinus den offensichtlich ausgebliebenen Bürgerkrieg als Wirkung seiner Rede ansieht und sie als Erfolg bewertet; zweitens, dass nach Einschätzung von Augustinus der Ausbruch starker Gefühle wie Tränen das geeignete Mittel zur Verhaltensänderung war. Ähnlich sieht er im Beifall ein Zeichen von Belehrung und Freude, d. h. die Erfüllung der ersten beiden klassischen Ziele der Rhetorik.

Reichen aber diese Kriterien aus, um in einer Mediengesellschaft die Wirkung und den Erfolg bzw. Misserfolg der Rede als PR-Instrument festzustellen? Insbesondere hinsichtlich der Selbstdarstellung von Personen und Organisationen gibt die klassische Rhetorik keine Antwort.

PR nutzt eine breit gefächerte Palette an Wirkungskontrollinstrumenten. Da jedoch Wirkungen nicht eindimensional sind und nach dem Muster Ursache A-Wirkung A, Ursache B-Wirkung B, entstehen, ist es schwer, den Teilbeitrag der Rede zur Erreichung von PR-Zielen herauszufinden. In einer kongruenten und aufeinander abgestimmten Kampagne unterstützen sich die Instrumente und Maßnahmen immer gegenseitig.

Die Wirkungskontrolle von Reden wird durch zwei geänderte Parameter zusätzlich erschwert: 1. Publikum und 2. Schriftlichkeit.

1. Nach der klassischen Rhetorik und der nach wie vor herrschenden Meinung sitzt das „Publikum" immer vor dem Redner im Saal; der Redner wendet sich an die im Saal anwesenden Menschen. Dieses Bild hat sich gewandelt. In der Mediengesellschaft vernehmen wir nicht nur direkte Reden, sondern auch vermittelte, durch Medien wiedergegebene oder selektierte Reden – entweder in Ausschnitten oder im Ganzen. Wer ist also das Publikum des Redners? Doch nicht nur die im Saal Anwesenden. Und das erschwert zusätzlich die Wirkungskontrolle, denn hier müsste man zwischen der Wirkung auf das anwesende Publikum und der Wirkung derselben Rede auf die abwesenden Zuhörer unterscheiden, wobei hier die zentrale Frage lauten sollte: Wer ist die Zielgruppe des Redners? Das anwesende Publikum oder die abwesenden Fernsehzuschauer/innen und Rundfunkzuhörer/innen? Wer sind z. B. die Adressaten der Bundestagsabgeordneten im Plenum? Die eigenen Fraktionsmitglieder? Die Mitglieder der gegnerischen Fraktionen? Oder die Bürgerinnen und Bürger an den Fernsehbildschirmen? Welche der PR-Ziele verfolgen die Redner im Bundestag? Verhaltensänderung? Das scheint bei den Mitgliedern der gegnerischen Fraktion von vornherein ausgeschlossen zu sein. Die Abstimmungen werden kaum durch Reden beeinflusst. Und die eigenen Fraktionsmitglieder braucht man ja nicht durch Plenarreden zu überzeugen. Einstellungsänderung? Vielleicht. Aber die ideologisch angehauchte Gesinnung der Abgeordneten würde dieses Ziel in weite Ferne rücken. Informationsübermittlung? Das ist eher möglich. Die Plenarreden gelten weniger den abwesenden Abgeordneten als den Bürgerinnen und Bürgern, die zwar nicht im Plenum sitzen, wohl aber über Fernsehen, Hörfunk, Internet oder Zeitungen Redeausschnitte oder ganze Reden sehen, hören und lesen. Anders ausgedrückt sind nicht die Anwesenden, sondern die Abwesenden das eigentliche Publikum! Und diese Erkenntnis leitet über zum zweiten Punkt.

2. Gewöhnlich steht auf dem Titelblatt jeder Rede der Satz: „Es gilt das gesprochene Wort." Ist deshalb das geschriebene Wort „ungültig"? Keineswegs. Reden werden, nachdem sie gehalten werden, meistens ins Netz eingestellt, als Sonderdrucke herausgegeben oder in Sammelbänden veröffentlicht. Und später sind es die gedruckten oder im Internet erschienen Versionen, die am einfachsten zugänglich sind. Deshalb ist genauso wahr: „Es gilt das geschriebene Wort!" Viele Menschen „lesen" Reden im Internet und reagieren darauf, schreiben Briefe, melden Widerspruch an, signalisieren Zustimmung. Reden treten hier nur in Form von Redetexten hervor – die Reden werden also nicht nur gehört, sondern auch gelesen. Wenn es Organisationen also gelingt, gehaltene Reden auch

als Texte einzusetzen, dann erschließt sich ein zusätzliches Potenzial für PR-Kampagnen. Geschriebene Texte sind nach wie vor – auch in unserer auf Visualisierung ausgerichteten Mediengesellschaft – von großer Bedeutung.

Um die Wirkung von Reden festzustellen, muss man folgende Abstufungen beachten:

1. Direkte Reden
   Das Publikum ist im Saal anwesend.

2. Indirekte Reden
   Die Menschen sehen und hören den Redner bzw. die Rede im Fernsehen, im Rundfunk oder im Internet.

3. Gelesene Reden
   Das Publikum besteht aus Leserinnen und Lesern; die Medien sind Zeitungen, Zeitschriften, Broschüren, Internet usw.

Bei dieser Abstufung verschiebt sich auch das Gewicht der linguistischen und paralinguistischen Zeichen. Die Wirkung der Körpersprache nimmt ab, wenn wir vom Direkten zum Gelesenen absteigen; sie nimmt aber zu, wenn wir vom Gelesenen zum Direkten aufsteigen, und umgekehrt nimmt die Wirkung der Sprache tendenziell ab, wenn wir vom Gelesenen zum Direkten aufsteigen; sie nimmt aber zu, wenn wir vom Direkten zum Gelesenen absteigen.

Trotz dieser angedeuteten Schwierigkeiten bei Wirkungskontrollen, gibt es bekannte Hinweise, denen Redner/innen entnehmen können, welche Wirkung ihre Rede hinterlassen hat und ob sie erfolgreich war: 1. Emotionsbekundung, 2. Medienresonanz, 3. Aktionen. Richtig bleibt allerdings: Ein guter Redetext bedeutet bei Weitem noch keine gute Rede, und eine gute Rede stützt sich lange nicht auf einen guten Redetext.

1. Emotionsbekundungen
   Dazu zählen, wie schon bei *Augustinus* angedeutet, Applaus, Lachen, Weinen usw. während der Rede. Je stärker sie auftreten, umso höher ist die Wahrscheinlichkeit, dass die Rede wirkt. Ob diese Wirkung auch eine erstrebte Wirkung war, ist eine andere Frage.

2. Medienresonanz
   Im Zeitalter der 150-Zeilen- oder 1,5-Minuten-Berichte achten Redenmanager darauf, was in einer Rede zitierfähig bzw. „häppchenfähig" sein könnte. Deshalb werten die Presseabteilungen von Organisationen die Berichterstattung über eine Rede sorgfältig aus. Zum Beispiel achtet das Team von Bundeskanzler *Gerhard Schröder* darauf, in welchem Maße als wichtig empfundene „Botschaften" und „Subtexte" von den Medien

wahrgenommen werden (vgl. MAVRIDIS). Ähnlich verhalten sich auch Unternehmen.

3. Aktionen

Aktionen sind Handlungen, die sich an Reden anschließen bzw. aus ihnen folgen – der Idealfall, um Wirkungen festzustellen. Aktionen sind Verhaltensweisen, wie Wahlentscheidungen, Gespräche, Briefe usw. Die Rede von *Oskar Lafontaine* in Mannheim oder die Rede von *Kurt Masur* in Leipzig sind Beispiele, die zeigen, welche Handlungen Reden verursachen können. Bei der einen wurde *Rudolf Scharping* als Parteivorsitzender abgelöst, bei der anderen haben Angehörige der Volksarmee es unterlassen, auf Demonstranten zu schießen. Es gibt aber auch weniger spektakuläre Aktionen. *Michael Engelhardt*, Redenschreiber der Bundespräsidenten a. D. *Walter Scheel* und *Richard von Weizsäcker*, weiß einige Beispiele aus eigener Erfahrung zu erzählen (vgl. www.vrds.de).

1. Beispiel

Nach der Ermordung *Hans Martin Schleyers* wurde Bundespräsident *Walter Scheel* als Redner des Staatsaktes in Stuttgart angefragt. Die üblichen Floskeln hätten nicht ausgereicht. Engelhardt kam zu der Erkenntnis: Die Regierung hatte sich mit Schuld beladen, indem sie den Forderungen der Terroristen nicht nachgab. Es war eine unausweichliche Schuld. Der zentrale Satz dieser an die Familie Schleyer gerichteten Rede war: „Wir bitten um Vergebung!" Wir – das war der Staat, für den es keine andere Lösung gab, als den Tod von *Hans Martin Schleyer* in Kauf zu nehmen. Nachdem interne Widerstände im Bundespräsidialamt gegen diesen Satz ausgeräumt wurden, sprach der Bundespräsident den Satz aus. Die Rede hat bewirkt, dass selbst die ganz Linken diesen Satz in ihren Film „Deutschland im Herbst" aufnahmen.

2. Beispiel

Dieses Beispiel stammt aus dem Jahr 1986. Es handelt sich um die Rede von *Richard von Weizsäcker* zum 200. Todestag *Friedrichs des Großen*. Sie berührte insbesondere nachdenkliche Soldaten der Bundeswehr. Als sie herausgefunden hatten, dass *Engelhardt* die Rede entworfen hatte, luden ihn ca. 15 Oberste und Generale der Führungsakademie in Koblenz ein, um mit ihm über die Rede ein Wochenende lang in Maria Laach zu diskutieren – eine kleine, aber deutliche Wirkung einer Rede.

3. Beispiel

Anlässlich des Tages der deutschen Einheit, 17. Juni 1978, hielt Bundespräsident *Walter Scheel* eine Rede. Untersuchungen hatten ergeben, dass die deutsche Jugend sich nicht mehr für diesen Tag interessierte, dass an deutschen Schulen und Universitäten nichts mehr darüber gelehrt wurde – trotz des Auftrags des Grundgesetzes. Für *Walter Scheel* war jeder Buchstabe des Grundgesetzes unantastbar. Er sagte in seiner Rede: *„Die Lehrer dieses Landes haben sich an die Verfassung zu halten, und die Länderregierungen haben die Pflicht, die Voraussetzungen dafür zu schaffen, dass sich die Lehrer an die Verfassung halten können. Es darf nicht geschehen, dass die deutsche Einheit durch unsere eigene Nachlässigkeit und Gedankenlosigkeit verspielt wird."* Die Rede schlug ein wie eine Bombe. Die Kulturminister aller Länder versammelten sich beim Bundespräsidenten. Ein Kulturministerbeschluss, durch den das Thema der deutschen Teilung und der deutschen Einheit als Lehrstoff an allen unseren Schulen eingeführt wurde, war die Folge.

2.2 Plananalyse

Bei Impression Management und Semiometrie geht es um die Selbstdarstellung von Personen und Organisationen in Reden. Dafür bietet die klassische Rhetorik kein Instrument. Eine Methode, welche die sprachlichen und paralinguistischen Eindrücke in ihrem Zusammenspiel zu bewerten vermag, ist die Plananalyse (vgl. BAZIL, 2004).

2.2.1 Theorie und Anwendung

Die Plananalyse ist ein Verfahren zur Entdeckung eines „Handlungsprogramms", das jeder Selbstdarstellung zugrunde liegt. Ursprünglich wurde die Plananalyse für klinische Fallkonzeptionen und Therapieplanungen entwickelt. Sie fasst und ordnet Informationen zusammen, die durch Beobachtung von Verhaltensweisen und Motivationen eines Patienten erschlossen werden. Dabei lauten die leitenden Fragen:

1. „Wozu verhält sich ein Mensch in einer bestimmten Weise?"

2. „Welcher bewusste oder unbewusste Zweck könnte hinter einem bestimmten Aspekt des Verhaltens eines Menschen stehen?"

So befasst sich die Plananalyse mit den Selbstdarstellungsformen von Patienten, welche durch ein „Handlungsprogramm" ständig andeuten, wie sie wahrgenommen und behandelt werden möchten. Die Ärzte orientieren sich auch meistens danach (vgl. SCHÜTZ, 1992, S. 173).

Die verbalen und nicht-verbalen Strategien des Klienten werden in gezeichneten Strukturen wiedergegeben und seiner Behandlung zugrunde gelegt. Der Begriff „Plan" in der Plananalyse hat aber nicht nur mit bewusstem und absichtsvollem Handeln zu tun. Vielmehr bezeichnet er so etwas wie ein „Programm", das sich auch unbewusst vollzieht und teilweise erst aus Interaktionen mit dem Arzt erschlossen werden kann. Dieses „Programm" wird in „Plänen" aufgefangen, die letztlich Konstrukte sind und im Imperativ formuliert werden („erwirb dir Anerkennung"), um deren instrumentellen Charakter zu verdeutlichen.

Jeder Plan besteht aus Zielkomponenten, die teils bewusste und teils unbewusste Ziele von Personen sind, und Operationskomponenten, die Mittel zur Erreichung von Zielen sind und ihrerseits als übergeordnete Pläne untergeordnete Mittel umfassen. So entsteht eine komplexe hierarchische Planordnung (vgl. CASPAR, 1996, S. 12).

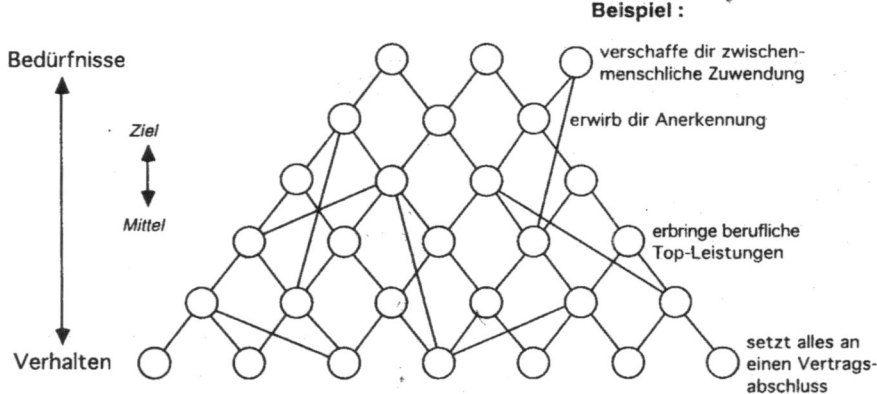

Abbildung 22: Die hierarchische Struktur jedes Plans

Der Plananalyse liegt keine umfassende Theorie zugrunde; sie beruht auf wenigen theoretischen Annahmen:

- Die wichtigste Annahme ist die interaktionistische Sicht von Person und Umwelt. D. h., das menschliche Verhalten ist nicht allein aus inneren Veranlagungen her zu erklären und auch nicht allein aus Einflüssen der Umwelt. Wohl aber aus der Interaktion beider.

- Der Mensch ist ein zielgerichtet handelndes Wesen, das wahrgenommene Zustände in erwünschte Zustände verwandeln will.

- Die Pläne sind mehrfach bestimmt, d. h., Menschen haben verschiedene, parallel wichtige Ziele, nach denen sie ihr Handeln konstruieren (z. B. jemand unterstreicht seine Vorzüge, um sich als attraktiv darzustellen, (Ziel: Attraktivität), aber keineswegs wird er diese Vorzüge ungehemmt zur Schau stellen, um nicht als Angeber zu erscheinen (Ziel: Nicht-Angeber)).

Die Pläne sind Handlungsschemata und spiegeln die Selbstkonzepte der Patienten wider. Die Vorstellung

> „tue das, was andere von dir wollen und erwarten"

dient dem Plan

> „verschaffe dir Anerkennung und Zuwendung",

und der Plan

> „sei extrem erfolgreich"

dient dem übergeordneten Plan

> „verschaffe dir die Akzeptanz anderer".

Zwei Beispiele mögen die Methode der Plananalyse erläutern: Das eine stammt aus dem therapeutischen (vgl. CASPAR, 1996, S. 81 ff.) und das andere aus dem politischen Bereich (vgl. SCHÜTZ, 1992).

2.2.2 Erstes Beispiel – Das Leben von Herrn Sträuli

Bei diesem Beispiel handelt es sich um einen Patienten, der sich in eine therapeutische Behandlung begeben hat, um seine Ängste abzubauen. Der Therapeut hat aus seinen Gesprächen mit ihm folgende Kriterien herausgearbeitet, wonach er das selbstdarstellerische Verhalten des Patienten analysiert:

- Aktuelle Lebenssituation
- Biografie
- Positive Pläne
- Vermeidungspläne
- Selbstkonzept des Patienten
- Grund für negative und positive Gefühle
- Einbettung der Probleme in die Planstruktur
- Problemsicht des Patienten
- Therapiebeziehung

Diese Kriterien könnten auch anders ausfallen, z. B. Therapiebeziehung, Selbstbild, emotionale Schemata, zentrale Konflikte, Symptome etc. Die Auswahl hängt von den Interessen des Therapeuten und der Offenheit des Patienten ab. Auch die Reihenfolge der Kriterien ist nicht vorausbestimmt.

- *Aktuelle Lebenssituation*
  Herr Sträuli ist 35 Jahre alt und seit zwölf Jahren mit einer gleichaltrigen Frau verheiratet. Beide haben keine Kinder. Er leitet eine kleine Schlosserei und beschäftigt einen Angestellten und einen Auszubildenden. Dar-

über hinaus ist er als Kassierer in seinem Sportverein aktiv. Finanziell geht es ihm gut, doch ein Unfall mit seinem noch nicht abbezahlten Auto vor einem Jahr hat ein finanzielles Loch gerissen, zumal er meistens Autos fährt, die für seine Verhältnisse eine Nummer zu groß sind. Gesundheitlich geht es ihm gut, auch wenn er von Kindheit an Asthma leidet. Das Verhältnis zwischen ihm und seiner Frau ist normal, er findet sie aber nicht mehr anregend. Nun ist er zum Therapeuten gekommen, um seine diffusen Ängste loszuwerden, die er seit einem Jahr nur noch mit Beruhigungsmitteln bekämpfen kann. Äußerlich ist er unauffällig: Mittelgroß, weder attraktiv noch unattraktiv, hat einige wenige Kilos zu viel, trägt eine Mischung von eleganter und sportlicher Kleidung, und seine Gestik ist verhalten.

- *Biografie*

Der Vater von Herrn Sträuli litt unter einer sehr schmerzhaften Knochentuberkolose. Er konnte zwar die Familie ernähren, war jedoch für seinen Sohn und seine zwei Schwestern nicht verfügbar, denn er ging immer seinem Hobby, der Insektensammlung, nach. Herr Sträuli war einerseits wütend auf seinen Vater, weil er nicht stark genug war, und andererseits bemitleidete er ihn, weil er körperlich viel leiden musste. Zwei Jahre vor der Pensionierung wurde der Vater auf dem Lagerplatz von einem Hubstapler tödlich verletzt. Die Mutter ist eine selbstständige und kulturell engagierte Frau. Sie hat nach der Geburt der Kinder diese Aktivitäten nicht eingeschränkt und konnte deshalb auch den Haushalt nicht in Schuss halten. Der Vater hatte allerdings keinen Mut, seine Frau an die Kandare zu nehmen, weil er nach seiner Erkrankung körperlich nicht mehr jene Erscheinung war, um derentwillen ihn seine Frau geheiratet hatte – und dies ließ sie ihn auch spüren. Den Großteil seiner Zeit verbrachte Herr Sträuli mit seinen Großeltern. Der Großvater war zwar sehr launisch, dafür aber die Großmutter kränklich und zurückgezogen. Herr Sträuli war hin- und hergerissen zwischen dem Elternhaus und dem Haus seiner Großeltern. Zu Hause durfte er weder auffallen noch den Eltern zur Last fallen. Ein Grundzug seines Verhaltens, der sich wie ein roter Faden durch sein ganzes Leben hindurchzieht. Nach der Schule wollte er in die Kunstgewerbeschule. Aber bei der Aufnahmeprüfung fiel er durch, vermutlich wegen starker Prüfungsängste, die damals plötzlich auftraten. In der Absicht, Metallplastiker zu werden, fing er dann eine Schlosserlehre an. Im Laufe der Zeit ließen seine künstlerischen Ambitionen nach, und er beschränkte sich auf handwerkliche Arbeiten, ohne damit wirklich zufrieden zu sein. Als Ersatz für seine Unzufriedenheit über verblassende Träume stieg sein Interesse an Autos, zumal sich auch seine Mutter nach anfänglicher Begeisterung für seine künstlerischen Ambitionen dann tief enttäuscht über den eingeschlagenen Weg zeigte. Seine Neigung, unauffällig zu bleiben, kam ihm im Wehrdienst zugute, und er war froh, keine Verantwortung tragen zu müssen. Schließlich lernte er mit 22 Jahren seine spätere Frau kennen, der er nach einem Jahr das Ja-Wort gab.

- *Positive Pläne*
Der wichtigste Plan des Klienten ist: „**Positiv-unauffällig**" zu sein. Dies ist keine unbeholfene Unauffälligkeit, denn der Klient ist sehr aktiv: Engagement im Sportverein, in der Gemeinde und Aufmerksamkeit für die persönlichen Angelegenheiten des Therapeuten (verschnupfte Nase, Blässe etc.). „Positiv-unauffällig" sein verweist auf keinen Vermeidungsplan („**vermeide aufzufallen**"). Vielmehr sollte man hier davon ausgehen, dass der Klient nach einem übergeordneten Plan handelt: „**mach dich sympathisch**", „**trete sympathisch auf**". Seine Vorliebe für schnelle Autos scheint zwar diesem Plan – „**sei positiv-unauffällig**" – zu widersprechen, doch ist ihm wichtig, durch Autos das Gefühl von Macht und Unabhängigkeit zu erlangen. Neben Sympathie bemühte sich Herr Sträuli um Anerkennung, vor allem von Frauen. Da die Mutter ihm diese Anerkennung verweigerte, versuchte er dieses Bedürfnis mit einem Seitensprung zu erfüllen. Entgegen seinem gängigen Verhalten, Mädchen nicht nachzulaufen, bemühte er sich ausnahmsweise um die Gunst einer Frau, die seiner Mutter sehr ähnlich war. Als diese Freundin ihn aber wegen Spießigkeit auslachte, beendete Herr Sträuli die Beziehung zu ihr. Sympathie und Anerkennung sind also die beiden positiven Pläne des Patienten.

- *Vermeidungspläne*
Der wichtigste Vermeidungsplan des Klienten lautet: „**vermeide Ablehnung**". Herr Sträuli hat ein ausgeprägtes Wahrnehmungssystem für die Wünsche anderer entwickelt. Auch Zeichen von Ablehnung spürt er sofort. Er hört genau zu, zeigt Interesse am Gesprächspartner und kann ihn für sich gewinnen. Der Vermeidungsplan spielt sich auf zwei Ebenen ab: auf Beziehungsebene und beruflicher Ebene. Seine jetzige Frau garantiert ihm konstante Zuwendung – im Gegensatz zu seiner Mutter, die sich infolge seiner beruflichen Misserfolge von ihm abwandte. Herr Sträuli wollte nun bei seiner zweiten, notgedrungenen Berufswahl als Schlosser keine Enttäuschungen mehr erleben, deshalb ging er auf „Nummer Sicher" und unternahm nichts, was ihn vielleicht wieder in die Nähe von Kunst gebracht hätte. Risiken hat er gescheut. Die Pläne „**vermeide Unsicherheit**" und „**vermeide Risiken**" ergänzen somit den grundlegenden Plan: „**vermeide Ablehnung**".

- *Selbstkonzept des Patienten*
Das Selbstkonzept des Patienten bestimmt seine Handlungspläne. Er sieht sich als soliden Berufsmann, soliden Ehemann, der konstant von seiner Frau gehegt und gepflegt wird, sich aber nach einer anspruchsvolleren Beziehung sehnt. Er ist ein aktives Vereinsmitglied, und alles funktioniert gut. Höhere Ansprüche in Beruf und Beziehung könnten aller-

dings diesen ruhigen und sicheren Gang stören. Deshalb werden diese Ansprüche ausgeblendet, unterdrückt, weggeschoben. Der Seitensprung und das schnelle Autofahren sind die einzigen Ausnahmen. Trotzdem scheint der Klient unzufrieden mit sich und seinem Leben zu sein. Aber er unternimmt nichts, um seinen Ansprüchen in Beziehung und Beruf zu genügen und handelt nach seinem lieb gewonnen Selbstkonzept (**„solide"**, **„stetig"**, **„auf Sicherheit bedacht"**).

- *Grund für negative und positive Gefühle*
  Herr Sträuli vermeidet auch direkte Konflikte. Restlos glücklich wäre er aber, wenn er seine künstlerischen Ziele erreicht und anspruchsvollere Frauen kennen gelernt hätte. Beides nagt diffus an ihm. Entsprechend nivelliert sind auch seine Gefühle. Positive Gefühle empfindet er beim Autofahren (**„schaff dir Machtgefühle"**), bei der Verbesserung seines körperlich guten Zustandes und bei guten Kontakten. Auch in der Beziehung zu der anderen Frau spürte er kurzfristig positive Gefühle. Das Scheitern dieser Partnerschaft rief allerdings wieder negative Gefühle hervor.

- *Einbettung der Probleme in die Planstruktur*
  Die Ängste, worunter der Klient leidet, haben konkrete Bezüge: Ängste im Straßenverkehr, hypochondrische Ängste, soziale Ängste. Der Klient weiß allerdings nicht, woher diese Ängste stammen. Sie sind vor einem Jahr aufgetreten und münden nun in allgemeiner Kraftlosigkeit. Ängste kennt Herr Sträuli auch im Hinblick auf einen möglichen risikoreichen Lebenslauf. Die anspruchsvolleren Pläne, die er einst hatte, sind durch seine Vermeidungspläne blockiert und unterdrückt in einem risikoarmen und sicheren Leben. Gestorben sind seine Träume aber nicht. Ängste und Kraftlosigkeit rauben ihm aber Schwung und Kraft – jene Elemente, die er eigentlich bräuchte, um seinen Zustand zu ändern.

- *Problemsicht des Patienten*
  Der Klient steht seinen Problemen verständnislos gegenüber. Psychische Probleme passen nicht in sein Weltbild, und die Einsicht in den instrumentellen Charakter seiner Symptome würde ihn noch mehr verunsichern. Er ist in die Sackgasse geraten – Träume einerseits und mangelnde Risikobereitschaft andererseits. Emotionalen Halt für einen mutigen und ungewohnten Schritt findet er auch nicht in seiner Familie.

- *Therapiebeziehung*
  Auf den ersten Blick ist Herr Sträuli ein unproblematischer und pflegeleichter Patient. Doch dies birgt Gefahren in sich: Auch hier folgt er dem Plan: **„mach dich sympathisch"**. Dabei konzentriert er sich weniger auf die Lösung seiner Probleme als auf die Anerkennung des Arztes. Daraus folgt der Plan: **„vermeide Spannungen"**. Deshalb protestiert er auch nicht gegen Dinge, die ihm nicht passen. Sonst könnten unangenehme

Komplikationen auftreten. Die so aufgebaute therapeutische Beziehung zeigt, wie er menschliche Beziehungen überhaupt eingeht und gestaltet. Für den therapeutischen Erfolg jedoch könnten diese Pläne eher hinderlich als förderlich sein.

Die Plananalyse von Herrn Sträuli ergibt somit folgendes Bild (vgl. CASPAR, 1996, S. 97):

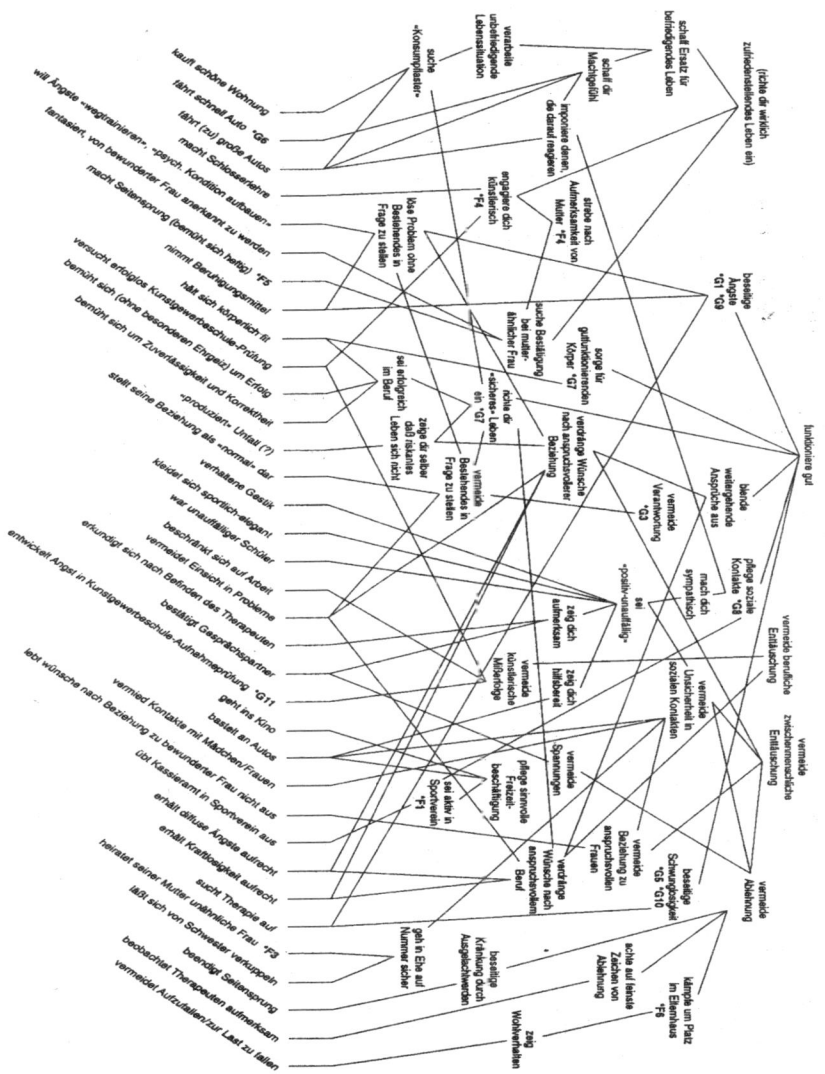

(Mit F und G gekennzeichneten Bereiche betreffen „allgemeine Frames" und „Gefühlsframes")

Abbildung 23: Die Plananalyse von Herrn Sträuli

2.2.3 Zweites Beispiel – Helmut Kohl und Johannes Rau

Das zweite Beispiel bezieht sich auf Auftritte von zwei Politikern im Fernsehen. Es geht um den Wahlkampf 1986/87 zwischen *Helmut Kohl* (CDU) und seinem Herausforderer *Johannes Rau* (SPD). Analysiert werden die Pläne von Kohl und Rau in der Sendung *„Was nun, Herr Kohl?"* und *„Was nun, Herr Rau?"*. Diese zwei Szenen sind inhaltlich homogen, können ohne den Gesamtkontext verstanden werden und geben Aufschluss über die Person des Politikers und weniger über politische Inhalte. Acht Psychologen und Psychologinnen, die aus ihrer Mitarbeit an der Forschungs- und Beratungsstelle des Lehrstuhls für klinische Psychologie an der Universität Bamberg im Umgang mit der Plananalyse geübt waren, hatten die Aufgabe, die verbalen und nonverbalen Verhaltensweisen der Politiker zu beobachten und die damit erreichten Selbstdarstellungsziele festzustellen.

Stellungnahme zu *Rau:*

Wolfgang Herles: „Ihr Herausforderer, Johannes Rau, hat jetzt nach der Bayernwahl gesagt, er halte an seinem Wahlziel ‚Absolute Mehrheit' fest, denn, gemessen an Franz-Joseph Strauß, sei Helmut Kohl nicht von annähernd gleicher politischer Statur. Hat Rau es mit Ihnen leichter als die SPD in Bayern mit Strauß."

Helmut Kohl: „Wissen Sie, ich habe nie etwas davon gehalten, politische Gegner in dieser Form zu charakterisieren oder Noten zu geben. Ich bin zum dritten Mal in einer Entscheidung bei der Bundestagswahl als der Spitzenmann, als der Kanzlerkandidat. 1976 hatte ich 48,6 Prozent, 1983 hatte ich 48,8 Prozent, dieses Mal sage ich eine X-Zahl, wir warten getrost ab. Es wird ein gutes Ergebnis. Vor mir hat in der deutschen Parteigeschichte, überhaupt – seit dem Bismarckschen Reichstag – nur Konrad Adenauer 1957 mehr Stimmen erhalten, fast 2 Prozent mehr Stimmen. Also, ich sehe dem Wahlergebnis mit Ruhe entgegen. Und Herr Johannes Rau soll seine Prophezeiungen weiter fortsetzen." („Was nun, Herr Kohl?", ZDF, 16. Oktaober 1986)

Tabelle 5: Plananalyse „Stellungnahme zu Rau"

Plananalyse:

Operatoren	Ziele
„wissen Sie, ..." ruhiger Ton Lächeln Abwinkende Geste	Zeige dich souverän!
„ich habe nie etwas davon gehalten ..."	Zeige dich fair
„in dieser Form" „Herr Johannes Rau soll seine Prophezeiungen ..."	Werte den Gegner ab
„Dreimal als Spitzenmann" „vor mir überhaupt" „deutsche Parteiengeschichte" „nur Adenauer"	Berufe dich auf deinen Status
„48,6 Prozent", „48,8 Prozent"	Berufe dich auf deine Erfolge
„warten getrost ab" „mit Ruhe entgegen" „ein gutes Ergebnis"	Zeige dich zuversichtlich
Kohl lächelt	Zeige dich selbstbewusst

Dieser Plan ergibt folgende Struktur:

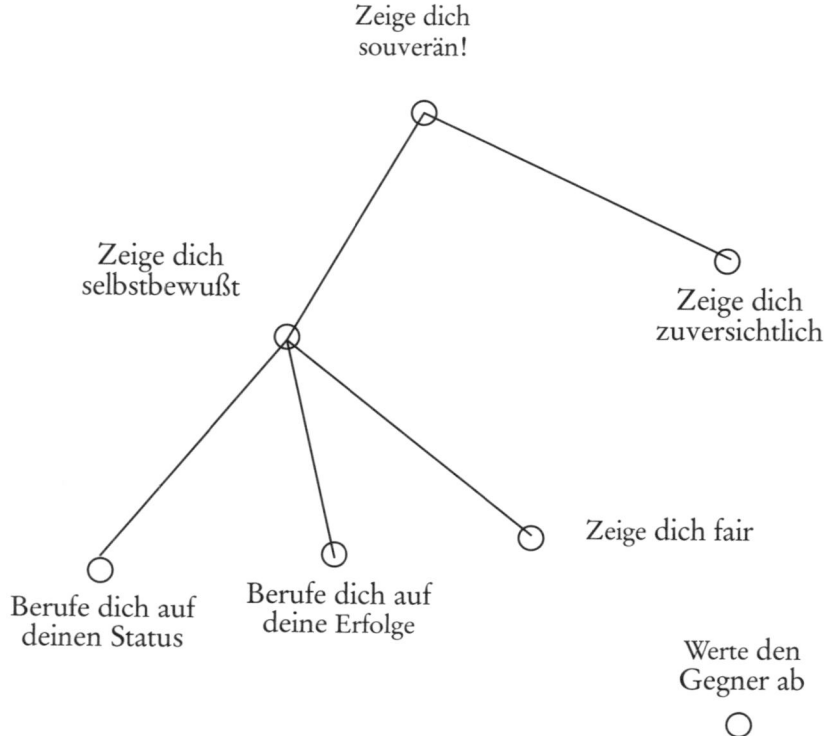

Abbildung 24: Planstruktur „Stellungnahme zu Rau"

Dass es keine Verbindung zwischen „werte den Gegner ab" und den anderen Plänen gibt, zeigt, dass es sich hier um eine Inkonsistenz im Verhalten von Helmut Kohl handelt.

Stellungnahme zu Kohl:

Klaus Bresser: „Kohl und Rau, wer von Ihnen wird mehr unterschätzt?"

Johannes Rau: „Das weiß ich nicht, also ich unterschätze Kohl nicht. Ich glaube, er ist ein Mann, der weit über das Aussitzen hinaus bestimmte politische Fähigkeiten hat, vor allen Dingen im Einsetzen von Menschen. Ich habe manchmal die Sorge, dass er auch da auf unbestimmte Mehrheitsgefühle setzt, wo er solche Haltungen gar nicht teilen würde. Da würde ich mich wahrscheinlich stärker absetzen. Ich mag nicht, wenn man von ihm so sagt, der Pfälzer Kohl oder mit Hinweisen auf die Sprache. Das halte ich für ganz falsch, denn erstens ist es keine Schande, ein Pfälzer zu sein, zweitens sind nicht alle Pfälzer so wie Helmut Kohl. Also, ich habe kein Urteil über Helmut Kohl, aber ich will im Wahlkampf nicht die Person Helmut Kohl attakkieren." („Was nun, Herr Rau?", ZDF, 13.11.1986)

Tabelle 6: Plananalyse „Stellungnahme zu Kohl"

Plananalyse:

Operatoren	Ziele
„das weiß ich nicht" „manchmal"	Leg dich nicht fest
Rau nennt Schwächen: „Aussitzen" „Einsetzen von Menschen" „unbestimmte Mehrheitsgefühle" „bestimmte politische Fähigkeiten" „Sorge ..."	Greife Kohl indirekt an
„würde mich stärker absetzen"	Grenze dich von Kohl positiv ab
„mag nicht, wenn man sagt ..." „will nicht die Person attackieren"	Zeige dich fair
Rau spricht bedächtig; kneift Augen zusammen	Zeige dich ruhig und nachdenklich
Rau spricht nur über Kohl, nicht über sich	Vermeide den direkten Vergleich Kohl-Rau

Der Plan ergibt folgende Struktur:

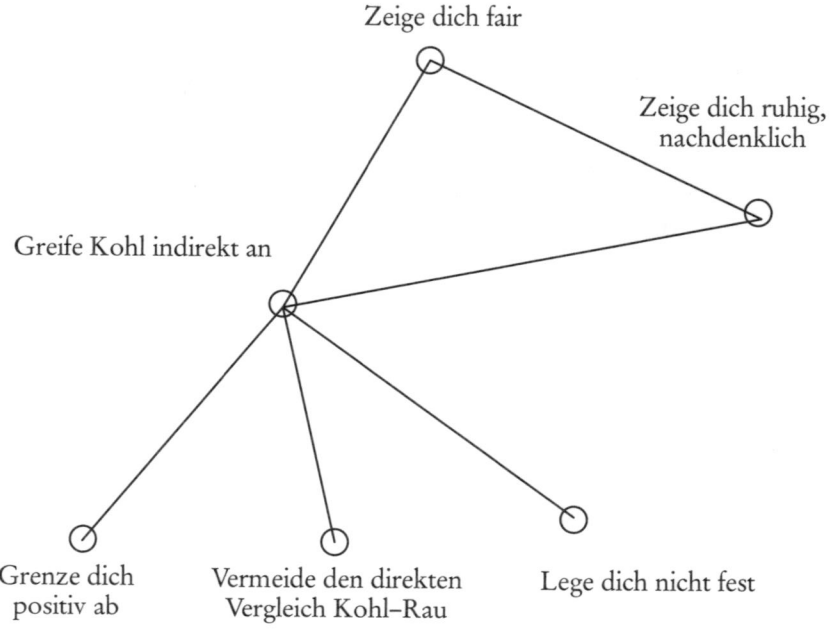

Abbildung 25: Planstruktur „Stellungnahme zu Kohl"

Fasst man mehrere Szenen zusammen, werden die Selbstdarstellungspläne hierarchisch, nach Konvergenzen strukturiert. Hier kann man sich zweier Kriterien bedienen: Teil-Ganz-Relation und Konkret-Abstrakt-Relation. Dabei sollen mehrere Pläne nach inhaltlicher Ähnlichkeit zu einem abstrakteren übergeordneten Plan zusammengelegt werden, um auch Widersprüche und Inkonsistenzen zu entdecken. Schon bei der Erstellung solcher Planstrukturen ergeben sich Konzentrationen, die auf den wichtigsten Plan hinweisen, an dem mehrere untergeordnete Pläne zusammenlaufen. Bei Kohl stellt sich folgender Plan heraus:

„zeige dich als bedeutender Staatsmann!"

(auch „zeige dich gebildet!")

und bei Rau:

„zeige dich moralisch und integer!"

(dazu gehören auch weitere Pläne wie:

„zeige, dass Fairness für dich wichtig ist!",

und „setze moralische Standards")

Neben hierarchischer Strukturierung (inhaltliche Zuordnung) könnte auch die sequenzielle Strukturierung (zeitliche Abfolge) relevant sein, um festzustellen, wann, in welchen Situationen, welche Pläne von den Kandidaten aktiviert werden. Die Zuverlässigkeit der Analysen ergibt sich aus der Übereinstimmung verschiedener Beobachter (vgl. SCHÜTZ, 1992, Appendix, S. 20).

Die Plananalyse bietet also neben Ethnografie, Dokumentanalyse, Wertprofilanalyse und Kontextanalyse (vgl. BUSS/FINK-HEUBERGER, 2000, S. 249 ff.) eine gute Möglichkeit, die selbstdarstellerischen Strategien von Personen und, in abgewandelter Form, von Organisationen zu ermitteln und den Einsatz von PR-Maßnahmen im Impression Management zu kontrollieren.

2.2.4 Plananalyse eines Redetextes

Versuchen wir nun diese Methode auf eine Rede anzuwenden. Die Analyse unterliegt allerdings zwei Einschränkungen: Erstens beschränkt sie sich hier nur auf den Text und lässt die Körpersprache aus, und zweitens beruht die folgende Auswertung auf Beobachtungen einer Person und nicht einer Gruppe von mehreren Psychologen.

Der folgende Redetext liegt einer Rede von *Guido Westerwelle* zugrunde, die er als FDP-Parteivorsitzender auf dem 53. Ordentlichen Parteitag am 12. Mai 2002 in Mannheim gehalten hat:

Liebe Parteifreundinnen, liebe Parteifreunde,

1. *vor einem Jahr haben wir in Düsseldorf unsere Strategie 18 beschlossen. Die Strategie für eine eigenständige und unabhängige FDP. 18 Prozent sind kein Selbstzweck, sondern dienen einem ernsten Ziel.*

2. *In Hamburg gelang der FDP am 23. September 2001 mit 5,1 Prozent nach achtjähriger außerparlamentarischer Opposition der Wiedereinzug in die Bürgerschaft. In Berlin schaffte die FDP bei den Neuwahlen am 21. Oktober 2001 mit 9,9 Prozent das beste Wahlergebnis seit 1954. Und in Sachsen-Anhalt haben wir mit 13,3 Prozent sensationell die Rückkehr in den ersten ostdeutschen Landtag geschafft. Vor einem Jahr hatten wir bundesweit 48 Landtagsabgeordnete. In Hamburg, Berlin und Sachsen-Anhalt sind bereits 38 dazugekommen. Mit der Landtagswahl in Mecklenburg-Vorpommern im September holen wir den Rest zur Verdopplung.*

3. *Bei den Kommunalwahlen in Niedersachsen und Bayern und bei zahlreichen Oberbürgermeisterwahlen konnten wir die Zahl der kommunalen Mandatsträger weiter erhöhen. Beispielsweise hier im Ländle in Pforzheim: 53 Prozent für Christel Augenstein. Oder in Dresden: 47 Prozent wählten*

Ingolf Roßberg zum neuen Oberbürgermeister. Insgesamt haben wir bundesweit nun über 5.000 liberale kommunale Mandatsträger.

4. *Seit dem letzten Bundesparteitag sind 6   384 neue Mitglieder in die FDP eingetreten. Diese Zahl ist seit Gründung der FDP nur einmal, 1990 bei der deutschen Einheit, übertroffen worden. Die FDP ist die einzige Partei mit einem tatsächlichen Mitgliederzuwachs. Inzwischen ist der Mitgliederbestand der FDP auf 64.600 Mitglieder angewachsen.*

5. *Unsere Strategie 18 hat binnen eines Jahres das überholte Lagerdenken wirkungsvoll verändert.*

6. *Die Wähler entscheiden heute von Wahl zu Wahl neu, wem sie ihr Vertrauen schenken. In Berlin trennen uns von der CDU weniger als 13 Prozent, in Sachsen-Anhalt von der SPD gerade einmal 7 Prozent. Und bei den Wählern unter 35 haben wir in Sachsen-Anhalt PDS und SPD schon überholt.*

7. *Diese Wahlergebnisse sind ein schöner Erfolg. Sie bringen uns aber auch in ein Stück neue Verantwortung für dieses Land. Und Deutschland braucht dringend eine Partei, die bereit ist für Verantwortung.*

8. *Alle gemeinsam, Sie an der Basis, die Kommunalpolitik, die Landesverbände, die Landtagsfraktionen, die Bundestagsfraktion und die Bundespartei haben in diesem einen Jahr viel gearbeitet. Und viel erreicht.*

9. *Für den Bundestagswahlkampf haben wir ein hervorragendes Team aus dem Kreis des Präsidiums gebildet. Dieses Team repräsentiert nach außen unsere politische Kompetenz.*

10. *Rainer Brüderle vertritt die Wirtschaftspolitik als unbestrittene Kernkompetenz der Freien Demokraten. Wenn es in Deutschland jemanden gibt, der den Ehrentitel ‚Mister Mittelstand' verdient hat, ist es Rainer Brüderle.*

11. *Jürgen Möllemann hat das zentrale Feld der Innenpolitik und die Gesundheitspolitik übernommen. Die Bedeutung beider Politikfelder für die FDP als Partei für das ganze Volk unterstreichen wir damit, dass die FDP eine ihrer stärksten Persönlichkeiten mit ihnen betraut hat.*

12. *Walter Döring koordiniert die Politik der FDP in den Landesparlamenten und in immer mehr Landesregierungen. Er treibt die liberale Föderalismusdiskussion voran und neue Initiativen der FDP zur Reform des föderalen wie subsidiären Staates.*

13. *Generalsekretärin Cornelia Pieper hat als Chefin der Programmkommission das Bundestagswahlprogramm entscheidend vorbereitet. Dafür gilt ihr unser besonderer Dank. Außerdem widmet sie ihr besonderes Augenmerk der Bildungspolitik.*

14. *Bundesschatzmeister Günter Rexrodt zeichnet über seine Aufgaben im Bereich der Haushalts- und Finanzpolitik für den Bürgerfonds 18/2002 verantwortlich, der so um Spenden wirbt, dass seine Aktionen zugleich selbst Wahlkampf sind.*

15. *Sabine Leutheusser-Schnarrenberger wird ihren Arbeitsschwerpunkt im Bereich der Rechts- und Menschenrechtspolitik haben. In diesem Gebiet ist sie gleichermaßen bekannt wie bewährt.*

16. *Birgit Homburger bringt in der Umweltpolitik und Verkehrspolitik die Überlegenheit des liberalen Lösungsansatzes überzeugend zum Ausdruck.*

17. *Martin Matz stellt die neuen sozialpolitischen Lösungen der FDP heraus, die unter seiner Leitung für den Nürnberger Bundesparteitag vorbereitet wurden.*

18. *Hermann Otto Solms bringt seine überragende Kompetenz als unser allgemein anerkannter Steuerexperte zur Wirkung.*

19. *Wolfgang Gerhardt wirkt als Vorsitzender der FDP-Bundestagsfraktion verstärkt im Bereich der Außen- und Europapolitik für uns Freie Demokraten. Und die FDP-Bundestagsfraktion insgesamt unterstützt uns mit klaren Konzepten und kompetenter Sacharbeit.*

20. *Die Jungen Liberalen mit Daniel Bahr an der Spitze sind die am schnellsten wachsende Jugendorganisation Deutschlands. Bewahrt Euch Eure erfrischende Kreativität als Zukunftswerkstatt des Liberalismus in Deutschland.*

21. *Wir wollen Deutschland erneuern. Wir haben uns erneuert. Wir haben die Zeit der Opposition genutzt. Jetzt sind wir bereit für Verantwortung.*

22. *Wir haben ein mitteleuropäisches FreiheitsverständniS. Nicht die Robinson-Crusoe-Freiheit ist unser Freiheitsverständnis. Für uns ist Freiheit nicht die Freiheit, unter Brücken schlafen zu dürfen. Wir wollen keine Freiheit von Verantwortung, sondern die Freiheit zur Verantwortung. In Zeiten der Globalisierung sind persönliche Bindungen wichtiger denn je. In Zeiten der Informationsgesellschaft wird das persönliche Gespräch, die Zuwendung des Menschen zum Mensch, überlebenswichtig.*

23. *Es gibt Kernaufgaben des Staates:*

    Die Gewährleistung der äußeren Sicherheit.
    Die Gewährleistung der inneren Sicherheit.
    Die Wahrung der sozialen Sicherheit.
    Die Sicherstellung eines chancengerechtes Bildungssystems.
    Die Bereitstellung einer angemessenen Verkehrsinfrastruktur für Bürger und Wirtschaft.
    Die Wahrung und Förderung der kulturellen Vielfalt.

24. Der Staat, der diese Kernaufgaben effizient wahrnimmt, ist ein starker Staat. Für diesen Staat treten wir ein. Heute ist der Staat ein schwacher Staat, denn in all diesen Kernaufgaben wird lediglich der Mangel verwaltet. Dafür tummelt sich der Staat in Tätigkeitsfeldern, wo er nichts zu suchen hat.

25. Der Staat, der Steinkohlesubventionen beschließt und gleichzeitig das Bildungssystem verrotten lässt, der ist ein schwacher Staat. Der Staat, der zulässt, dass sich bei einer Monsterbehörde wie der Bundesanstalt für Arbeit von über 90.000 Mitarbeitern gerade einmal 10 Prozent der Arbeitsvermittlung widmen, das ist ein schwacher Staat. Wir werden Deutschland modernisieren, indem wir uns wieder auf die Kernaufgaben konzentrieren.

26. Wir werden dafür sorgen, dass Deutschland eine Gesellschaft bleibt, die offen ist für eine vielfältige Kultur und Kunst, eine Gesellschaft geprägt von innerer Liberalität. Die in Deutschland lebenden Migranten werden von uns als Bereicherung betrachtet. Die Möglichkeit, dass in gleichgeschlechtlichen Partnerschaften Verantwortungsgemeinschaften entstehen, wird von uns ausdrücklich befürwortet. Wenn ein zu Tode erkrankter Mensch in einer gleichgeschlechtlichen Lebensgemeinschaft von seinem Partner oder seiner Partnerin bis zum Ende aufopferungsvoll gepflegt wird, ist das ein Gewinn für die Humanität und für unsere Gesellschaft.

27. 1998 wurde die Regierung Kohl von den Menschen in Deutschland abgewählt. Und viele verbanden damit die Hoffnung auf einen Neuanfang für unser Land.

28. Sie haben es mit Konservativen versucht. Das Ergebnis waren 4 Millionen Arbeitslose durch Aussitzen. Sie haben es vier Jahre mit Sozialdemokraten versucht. Das Ergebnis sind immer noch 4 Millionen Arbeitslose durch das Prinzip ruhige Hand. Die Körperteile wechseln, der Stillstand bleibt.

29. Jetzt appellieren wir an Sie, die Wählerinnen und Wähler: Versuchen Sie es dieses Mal mit starken Freien Demokraten. Schenken Sie uns Ihr Vertrauen. Union und SPD werfen jedem neuen Problem einen Paragrafen, eine neue Steuer oder eine Subvention hinterher. Wir brauchen aber nicht mehr bürokratische Staatswirtschaft, sondern wieder mehr soziale Marktwirtschaft. Wir brauchen ein neues Denken in der deutschen Politik. Privat kommt vor dem Staat. Was der Staat nicht regeln muss, das soll er auch nicht regeln dürfen. Wir wollen den Staat auf seine eigentlichen Aufgaben beschränken. Damit den Menschen mehr Netto vom Brutto übrig bleibt. Damit wieder investiert wird und neue Arbeitsplätze entstehen. Unser Programm für Arbeit heißt Steuersenkung.

Wenn wir diese Rede Absatz für Absatz analysieren, zeigt sich folgendes Bild:

Absatz 1
- zeige, dass dir und der Partei ernst ist mit der Strategie 18 und mit dem Ziel
„Eigenständigkeit" und „Unabhängigkeit"
- zeige Respekt vor den Beschlüssen der Partei
- zeige, dass du zielstrebig bist

Absatz 2–3
- zeige, dass die Partei erfolgreich ist (dass die Partei unter deiner Führung erfolgreich ist) – auf Landes- und Kommunalebene
- zeige, dass die Partei dank der beschlossenen Strategie erfolgreich ist

Absatz 4
- zeige, dass die Partei unabhängig und eigenständig ist, indem du deren Einzigartigkeit betonst („einzige Partei")
- verweise auf deine Leistungen für die Partei (Mitgliederzuwachs)

Absatz 5
- zeige, dass sich etwas Wesentliches geändert hat: das Lagerdenken (verweise auf deine Leistungen)

Absatz 6
- zeige die Selbstständigkeit und Unabhängigkeit der Partei, indem du sie mit den anderen Parteien vergleichst

Absatz 7
- zeige, dass du verantwortungsbewusst bist
- zeige, dass du bescheiden und kein Überflieger bist

Absatz 8
- zeige, dass du teamfähig bist und die Leistungen anderer anerkennst

Absatz 9
- zeige, dass du teamfähig bist
- zeige, dass die Partei, der du vorstehst, teamfähig ist
- zeige, dass das Team kompetent ist
- erwähne alle Namen und lobe sie

Absätze 10–20
- tritt den Beweis an, dass dein Team kompetent ist: Wirtschaftspolitik (Brüderle), Innen- und Gesundheitspolitik (Möllemann), Föderalismus (Döring), Programmatik (Pieper), Haushalts- und Finanzpolitik (Rexrodt), Rechts- und Menschenrechtpolitik (Leutheuser-Schnarrenberger),

Umweltpolitik (Homburger), Sozialpolitik (Matz), Steuerpolitik (Solms), Außen- und Europapolitik (Gerhardt), Junge Liberale/Jugend (Bahr)

Absatz 21
- zeige, dass du lernfähig bist
- zeige, dass du Verantwortung übernehmen willst
- zeige, dass du für Erneuerung bist

Absatz 22
- zeige dich menschlich, warm
- verbinde Freiheit mit Verantwortung und menschlicher Wärme

Absatz 23
- zeige dich sachkompetent

Absatz 24
- zeige deine Sachkompetenz

Absatz 25
- zeige die Fehler anderer und biete Alternativen
- zeige, dass du für Modernisierung bist

Absatz 26
- zeige deine Offenheit für andere Kulturen und Lebenseinstellungen
- zeige dich human

Absatz 27
- zeige, dass du der Neuanfang bist

Absatz 28
- zeige erneut die Eigenständigkeit und Unabhängigkeit deiner Partei
- setze dich mit den politischen Gegnern auseinander

Absatz 29
- zeige demokratische Gesinnung („Schenken Sie uns")
- zeige, warum die Wähler dich wählen sollen
- zeige Sachkompetenz

Der Plan dieser Rede ergibt folgende Struktur:

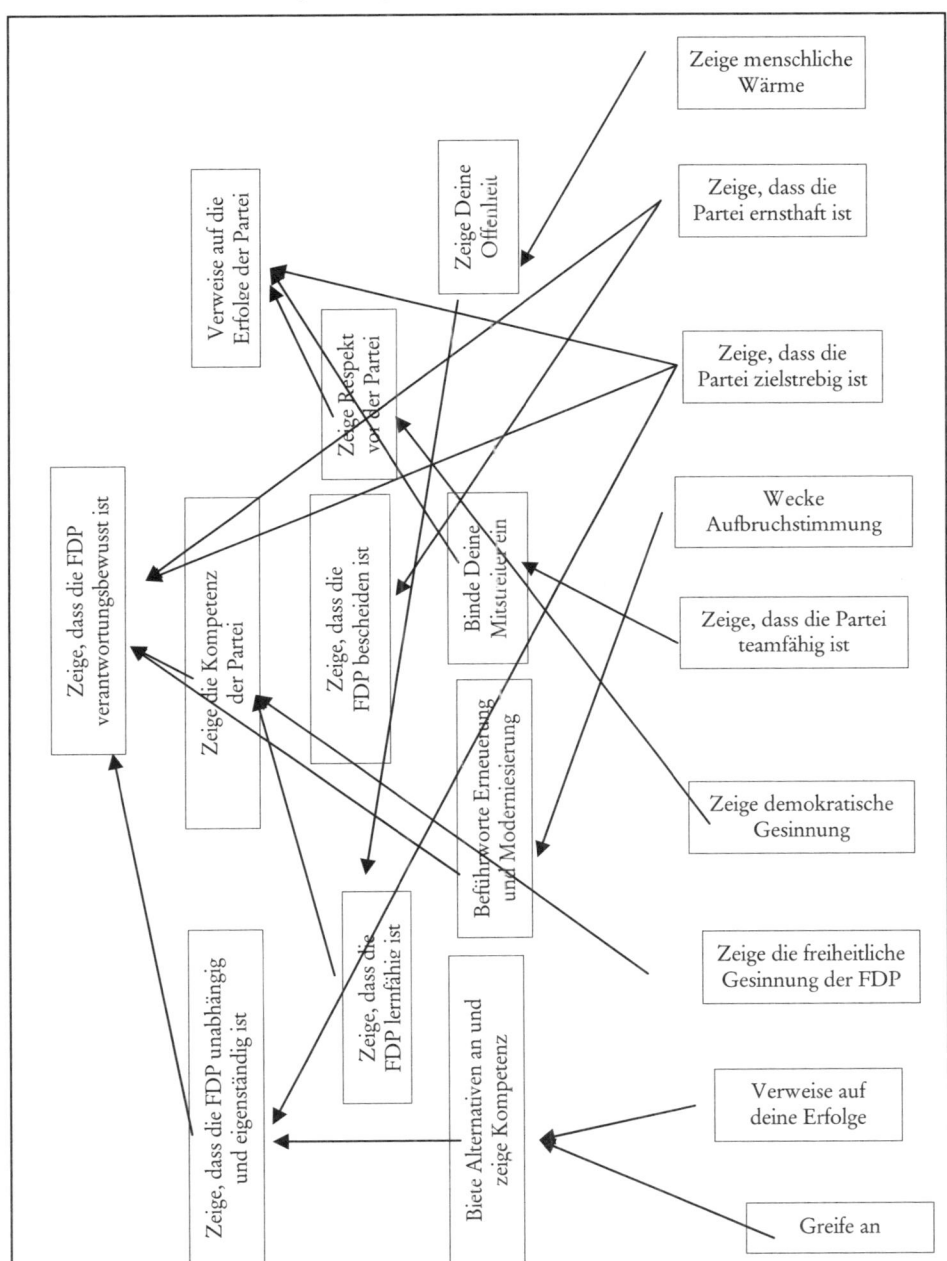

Abbildung 26: Plananalyse der Rede von Westerwelle

3. Checkliste

Checklisten bieten nur Orientierung. Sie ersetzen aber das eigenständige Denken nicht. Die nachfolgende Liste erhebt keinen Anspruch auf Vollständigkeit. Sie kann ergänzt, geändert und auf eigene Bedürfnisse angepasst werden.

I. Vor-Rede

1. Semiografie

- Habe ich meine Urrede bzw. mein Selbstkonzept entworfen?
- Habe ich daraus mein semiometrisches Profil abgeleitet?
- Liegt mir das Selbstkonzept meiner Organisation vor?
- Habe ich das semiometrische Profil meiner Organisation erstellt?
- Welche Wertefelder besetzt das Publikum? Welches semiometrische Profil hat es?
- Habe ich das semiometrische Profil meiner Rede erarbeitet?
- Habe ich mich für einige Basisbegriffe entschieden?
- Ergeben sich aus dem Thema und Anlass meiner Rede einige zentrale Begriffe?
- Ist es mir gelungen, die semiometrischen Profile (Redner, Organisation, Publikum) miteinander zu verbinden?
- Habe ich die Bedeutung von zentralen Eindrücken und die aus ihnen folgenden Verhaltensweisen ausgemacht?
- Steht meine Kernbotschaft schon fest?
- Habe ich mich entschieden, ob und wenn ja, welche Kernsätze und Schlüsselbegriffe ich wie oft und an welcher Stelle wiederholen soll?
- Habe ich mich entschieden, welche Argumente die stärkeren und welche die schwächeren sind? Habe ich mir Gedanken über deren Anordnung gemacht?
- Habe ich bedacht: Je mehr Personen mit einem Thema vertraut sind, umso wichtiger ist der recency-Effekt (Letzteindruck), sind sie aber mit dem Thema nicht vertraut, dann greift der primacy-Effekt (Ersteindruck)?

2. Äußere Bedingungen

- Wer hat mich eingeladen?

- Warum bin ich eingeladen worden?

- Habe ich einen Einladungstext an die Organisatoren geschickt?

- Welche Erwartungen soll dieser Text wecken?

- Was ist das Ziel der Organisatoren?

- Was sind die wichtigsten Eigenschaften der Zuschauer (beruflich, sozial, demografisch etc.)?

- Wer hat zu diesen Zuschauern (Verein, Verband usw.) zuletzt gesprochen? Zu welchem Thema?

- Wer waren die Redner, die am besten ankamen?

- Wer sind die opinion leaders der Zuschauer? Kenne ich Sie? Kann ich mit ihnen vorab in Kontakt treten?

- Ist es günstiger, wenn ich zuerst spreche oder zuletzt? Kann ich auf diese organisatorische Entscheidung Einfluss nehmen?

- Werde ich vorab dem Publikum vorgestellt?

- Wer wird mich dem Publikum vorstellen?

- Wie soll er mich vorstellen? Habe ich darüber mit ihm/ihr schon gesprochen?

- Wie kann ich ihm/ihr in meiner Rede danken, ihn/sie loben?

- Soll ich Fragen des Publikums zulassen?

- Welche Fragen kann ich in meiner Rede schon vorwegnehmen?

- Welche Fragen kann ich bewusst provozieren?

- Habe ich mit den Organisatoren vereinbart, wann die Frage-Antwort-Runde stattfinden soll?

- Gibt es „gefährliche" Fragen, auf die ich mich vorbereiten sollte?

- Soll ich Unterlagen mitbringen und verteilen?

- Wer ist mein „Insider" in der Gruppe, der mir Feedback geben könnte?

- Habe ich die Organisatoren gebeten, mir vor der Rede die Erwartungen und nach der Rede die Eindrücke des Publikums mitzuteilen?

3. Rede ohne Text

- Habe ich die Rede frei in Form eines Selbstgespräches gehalten?
- Habe ich diese Selbstgespräche aufgezeichnet?
- Habe ich diese Aufzeichnungen anschließend schriftlich niedergelegt?
- Sind alle semiometrischen Überlegungen in den Redetext eingeflossen?

II.   Rede

- Beziehe ich mich in der Rede auf meine Urrede?
- Habe ich bedacht, welche Rollenerwartungen das Publikum mir gegenüber hat?
- Kenne ich die momentane Stimmung des Publikums?
- Habe ich mich auf eine Botschaft konzentriert?
- Fasst die Rede das für das Publikum Unangenehme zusammen und verteilt sie das Angenehme?
- Enthält die Rede nicht nur Positives, sondern spricht auch eigene Fehler, Unterlassungen usw. an?
- Berichte ich über negative Ereignisse freiwillig und nicht erst dann, wenn sie nicht mehr verschwiegen werden können?
- Zeige ich, dass ich Lehren aus Fehlern für die Zukunft ziehe?
- Stelle ich irrelevante Details dar?
- Vermeide ich Weitschweifigkeiten?
- Vermeide ich floskelhafte Aussagen?
- Häufe ich Superlative?
- Bin ich inhaltlich konsistent?

III.   Nach-Rede

- Habe ich Rückmeldung von meinen „Insidern" erhalten?
- Habe ich spätestens 24 Stunden nach der Rede meine eigenen Anmerkungen zur Rede aufgeschrieben?
- Habe ich eine Rückmeldung von den Organisatoren bekommen?

- Liegt mir das Ergebnis der Medienresonanzanalyse vor?

- Liegt mir das Ergebnis einer Plananalyse vor?

- Habe ich andere Formen von Reaktionen auf meine Rede festgestellt?

- Welchen Eindruck habe ich selbst von meiner Rede, nachdem ich sie gehalten habe?

4. Schluss

Redetexte sind beschnittene Reden. Wenn der Redner das Publikum „herzlich" willkommen heißt, sein Blick aber beim Aussprechen dieser Worte am Manuskript haften bleibt, statt die Menschen im Saal anzuschauen, und sein Gesicht in eine versteinerte Grimasse fällt, statt mit freundlichem Lächeln Wärme auszustrahlen und Herzlichkeit zu verkörpern, dann sind die besten Redetexte nur brüchige Krücken, auf die sich keine Rede stützen kann.

Das Publikum hört nämlich nicht bloß sprachliche Äußerungen, sondern nimmt den Redner als Ganzes wahr, mit seiner Körperhaltung, in einem bestimmten Raum, zu einer bestimmten Zeit. Die „Atmosphäre" im Saal, die Dramaturgie – nicht nur während der Rede – sondern auch davor und danach, prägen den Gesamteindruck und wirken auf die Zuhörer. Noch mehr: Schon mit dem Einladungsschreiben beginnt die Wirkung der Rede und setzt sich in der Berichterstattung fort. Nicht immer liegen guten Reden auch gute Redetexte zugrunde, und nicht immer retten gute Redetexte schlecht gehaltene Reden. Ein sinnvolles Redemanagement muss all diese Aspekte berücksichtigen – nicht nur den Text.

Gleichwohl bleiben Redetexte ein wichtiger Bestandteil jeder Rede. Manchmal sind sie sogar ihr einziger Zeuge – z. B. für Menschen, die an einer Veranstaltung nicht teilnehmen konnten, die Rede aber dennoch lesen möchten. Es gibt vielfältige Möglichkeiten wie Organisationen das PR-Instrument Rede einsetzen können. Die gehaltene Rede ist genauso ein Instrument wie die ins Netz eingestellte oder gedruckte Rede. Eine Maßgabe jedoch bleibt bei all diesen Formen gültig: Die Rede muss sich in die Sprachkultur der betreffenden Organisation einfügen, um deren Identität und Erscheinungsbild widerzuspiegeln. Für diesen Zweck greifen die Mittel der klassischen Rhetorik zu kurz. Das vorliegende Buch schlägt daher eine Methode vor, wie Organisationen ihre Reden und ihre Sprachkultur insgesamt einheitlicher und imageförmiger gestalten können, um sich selbst besser darzustellen und ihre Zielgruppen besser zu überzeugen.

5. Anhang I

210 Semiometrie-Begriffe

Substantive

Abenteuer
Angst
Anstrengung
Arbeit
Aufstand
Baum
Belohnung
Bequemlichkeit
Berg
Bescheidenheit
Besinnung
Blume
Buch
Distanz
Disziplin
Ehre
Eigentum
Eleganz
Elite
Erbauer
Erfinder
Familie
Fehler
Feuer
Flucht
Forscher
Frage
Freiheit
Fremder
Freundschaft
Friede
Fröhlichkeit

Geburt
Kühnheit
Kunst
Labyrinth
Lebenskünstler
Leere
Leichtigkeit
Liebkosung
List
Logik
Macht
Maske
Mäßigung
Mauer
Misstrauen
Mode
Mond
Moral
Musik
Mut
Mysterium
Nacktheit
Nest
Geduld
Gefahr
Gefühlsbewegung
Geheimnis
Geld
Gerechtigkeit
Geschenk
Geschmeidigkeit
Gesetz

Gewehr
Gewissheit
Gewitter
Gipfel
Glaube
Gold
Gott
Grenze
Handel
Haus
Haut
Heirat
Held
Herausforderung
Höflichkeit
Humor
Industrie
Insel
Ironie
Jagd
Kindheit
Knoten
Krieg
Wissenschaft
Wüste
Zärtlichkeit
Zauber
Zeremonie
Zuneigung
Zweifel

Verben

abbrechen	erben	schreiben
alt werden	erobern	schwimmen
anbeten	gehorchen	sparen
angreifen	heilen	strafen
bauen	hochklettern	träumen
befehlen	kaufen	trösten
befragen	kritisieren	unterrichten
befruchten	lachen	verbieten
beherrschen	nachdenken	verführen
beschützen	pflegen	verraten
bewundern	produzieren	

Adjektive

absolut	absolut	schlau
anschmiegsam	anschmiegsam	schwarz
barmherzig	barmherzig	sinnlich
blau	blau	souverän
demütig	demütig	starr
dynamisch	dynamisch	tüchtig
edel	edel	unbeweglich
ehrgeizig	ehrgeizig	unentgeltlich
ehrlich	ehrlich	unermesslich
eigenartig	eigenartig	verschieden
eigenwillig	eigenwillig	weiblich
ewig	ewig	wertvoll
grün	grün	wild

6. Anhang II

Wertefelder-Wörterbuch

Zur Orientierung und als Hilfestellung für Redemanager habe ich, angelehnt an den Duden, ein semiografisches „Wörterbuch" zusammengestellt, das die Bedeutung der Schlüsselbegriffe (in kursiv) und die entsprechenden sinnverwandten Wörter (in Standard) erfasst.

Familiär

familiär

die Familie betreffend, ungezwungen, vertraulich
aufgelockert, frei, gelöst, freundschaftlich, informell, intim, leger, locker, natürlich, offen, persönlich, salopp, unförmlich, ungeniert, ungekünstelt, ungezwungen, unverkrampft, unzeremoniell, zwanglos

Kindheit

Zeit, in der jmd. noch ein Kind ist, in der jmd. aufwächst, heranwächst; Lebensabschnitt eines Menschen als Kind; Altersstufe von der Geburt bis zur Geschlechtsreife
Jugend, Kinderjahre, Kinderzeit, Kindesalter

Familie

aus einem Elternpaar od. einem Elternteil u. mindestens einem Kind bestehende [Lebens-]gemeinschaft; Gruppe aller miteinander [bluts-]verwandten Personen; Sippe
Angehörige, Anhang, Verwandtschaft

Spiel

Tätigkeit, die ohne bewussten Zweck zum Vergnügen, zur Entspannung, aus Freude an ihr selbst u. an ihrem Resultat ausgeübt wird; das Spielen
Gesellschaftsspiel, Wettkampf, Aktion, Aufführung, Auftreten, Darstellung, Gestaltung, Performance, Schau[-stellung], Show, Verkörperung, Vorführung, Vorstellung, Bühnendichtung, Bühnenstück, Bühnenwerk, Drama, dramatisches Werk, Schauspiel, Stück, Theaterstück

Mut

Fähigkeit, in einer gefährlichen, riskanten Situation seine Angst zu überwinden; Furchtlosigkeit angesichts einer Situation, in der man Angst haben könnte
Beherztheit, Bravour, Draufgängertum, Entschlossenheit, Forschheit, Furchtlosigkeit, Heldentum, Kühnheit, Risikobereitschaft, Rückgrat, Tapferkeit, Unerschrockenheit, Verwegenheit, Wagemut, Waghalsigkeit, Zivilcourage, Courage, Mumm, Schneid, Traute

Heirat

das Eingehen, Schließen einer Ehe; eheliche Verbindung

Eheschließung, Hochzeit, Trauung, Verheiratung, Vermählung, Ehe, eheliche Verbindung, Bund fürs Leben

Held

durch große u. kühne Taten bes. in Kampf u. Krieg sich auszeichnender Mann edler Abkunft (um den Mythen u. Sagen entstanden sind); jmd., der sich mit Unerschrockenheit u. Mut einer schweren Aufgabe stellt, eine ungewöhnliche Tat vollbringt, die ihm Bewunderung einträgt

Heroe, Gewinner, Matador, Sieger, männliche Hauptfigur/Hauptperson, tragende Figur

Geburt

das Gebären; Entbindung

Entbindung, Geburtsvorgang, Niederkunft, Geburtsakt, Abkunft, Abstammung, Herkommen, Herkunft

mütterlich

der Mutter zugehörend; von der Mutter kommend, stammend; in der Art einer Mutter; fürsorglich, liebevoll

aufopfernd, aufopferungsvoll, bemutternd, besorgt, fürsorglich, gütig, hingebungsvoll, liebevoll, selbstlos, betulich

Frieden

[vertraglich gesicherter] Zustand des inner- od. zwischenstaatlichen Zusammenlebens in Ruhe u. Sicherheit; Zustand der Eintracht, der Harmonie

Friedenszustand, Friedenszeit, Waffenstillstand, Friedensschluss, Versöhnung, Verständigung, Einmütigkeit, Einvernehmen, Eintracht, Harmonie, Übereinstimmung, Einklang, Ruhe, Stille

Sanftheit

sanfte Beschaffenheit, Wesensart

Freundlichkeit, Friedfertigkeit, Friedlichkeit, Güte, Herzensgüte, Milde, Rücksicht, sanftes Wesen, Sanftmut, Sanftmütigkeit, Weichheit, Zartheit

Sozial

sozial

das Zusammenleben der Menschen in Staat und Gesellschaft betreffend, auf die menschliche Gemeinschaft, Gesellschaft bezogen, gesellschaftlich, dem Gemeinwohl, der Allgemeinheit dienend, gesellig, nicht einzeln lebend, Staaten bildend

gesellschaftlich, gemeinnützig, hilfsbereit, karitativ, Nächstenliebe übend, selbstlos, uneigennützig, wohltätig

fröhlich

von Freude erfüllt; unbeschwert froh; vergnügt, lustig, ausgelassen; Freude bereitend; vergnüglich

Ausgelassenheit, Frohsinn, Lustigkeit, Übermut, Unbekümmertheit, Vergnügtheit

ehrlich

ohne Verstellung, aufrichtig, offen; auf Grund der gehörigen Achtung vor fremdem Eigentum[-srecht] zuverlässig u. ohne Täuschungsabsicht mit Geld- od. Sachwerten umgehend

aufrecht, aufrichtig, fair, geradlinig, geradsinnig, glaubwürdig, grundehrlich, offen[-herzig], ohne Verstellung, redlich, reell, unverhohlen, vertrauenswürdig, ehrbar, ehrenwert, honett, lauter

heilen

gesund machen; durch entsprechende ärztliche, medikamentöse o. ä. Behandlung beheben, beseitigen; von einem falschen Glauben, einem Laster o. Ä. befreien

erfolgreich behandeln, gesund machen, hochbringen, kurieren, retten, wiederherstellen, wieder auf die Beine bringen, beheben, beseitigen, frei machen, befreien, sich erholen, gesund werden, wieder auf die Beine kommen

Treue

das Treusein

anhängliche Haltung, Anhänglichkeit, Ergebenheit, Hingabe, Beständigkeit, Zuverlässigkeit

miteinander

einer, eine, eines mit dem, der anderen; gemeinsam, zusammen, im Zusammenwirken o. Ä.

einer/eine/eines mit dem/der anderen, gegenseitig, untereinander, Arm in Arm, gemeinsam, gemeinschaftlich, geschlossen, Hand in Hand, im Zusammenwirken, in Gemeinschaft, kollektiv, mit vereinten Kräften, Schulter an Schulter, Seite an Seite, vereinigt, vereint, zusammen

Vertrauen

festes Überzeugtsein von der Verlässlichkeit, Zuverlässigkeit einer Person, Sache

Glaube, Optimismus, Zutrauen, Zuversicht[-lichkeit]

Blume

Pflanze, die größere, ins Auge fallende Blüten hervorbringt

Blumenstock, Pflanze, Topfblume, Topfpflanze, Zimmerblume, Zimmerpflanze

Zuneigung

deutlich empfundenes Gefühl, jmdn., etw. zu mögen, gern zu haben; Sympathie

Gefühl, Gunst, Liebe, Neigung, Sympathie, Wohlwollen, Geneigtheit, Gewogenheit

lachen

durch eine Mimik, bei der der Mund in die Breite gezogen wird, die Zähne sichtbar werden u. um die Augen Fältchen entstehen, [zugleich durch eine Abfolge stoßweise hervorgebrachter, unartikulierter Laute] Freude, Erheiterung, Belustigung o. Ä. erkennen lassen

aus vollem Hals lachen, einen Lachanfall/Lachkrampf bekommen, ein Gelächter anstimmen, in Gelächter/Lachen ausbrechen, sich schieflachen, Tränen lachen, sich kaputtlachen, sich kranklachen, sich kringeln, sich kugeln vor Lachen, losprusten, wiehern, sich krummlachen, sich totlachen, sich einen Ast lachen

Humor

Gabe eines Menschen, der Unzulänglichkeit der Welt u. der Menschen, den Schwierigkeiten u. Missgeschicken des Alltags mit heiterer Gelassenheit zu begegnen

Scherz, Spaß, Witz, Ausgelassenheit, Freude, Freudigkeit, Fröhlichkeit, Glückseligkeit, gute Laune, Heiterkeit, Jubel, Lebensfreude, Trubel, Übermut, Vergnügen, Vergnügtheit

Religiös

religiös

die Religionen betreffend, zur Religion gehörend, auf ihr beruhend, in seinem Denken u. Handeln geprägt vom Glauben an eine göttliche Macht, gläubig

geistlich, kirchlich, sakral, nicht weltlich, theologisch, spirituell, fromm, glaubensstark, gläubig, gottesfürchtig, rechtgläubig

Gott

höchstes übernatürliches Wesen, das als Schöpfer Ursache allen Naturgeschehens ist, das Schicksal der Menschen lenkt, Richter über ihr sittliches Verhalten und ihr Heilsbringer ist

Allwissender, der liebe Gott, Er, Gott der Herr, Gottvater, Herr, Schöpfer, Unsterblicher, Allerbarmer, Allgütiger, Allmächtiger, Erbarmer, Gottheit

Glaube

gefühlsmäßige, nicht von Beweisen, Fakten o. Ä. bestimmte unbedingte Gewissheit, Überzeugung; Religion, Bekenntnis

Überzeugung, Vertrauen, Zuversicht, Frömmigkeit, Glaubensüberzeugung, Gläubigkeit, Gottergebenheit, Gottesfurcht, Gottesglaube, Religiosität, Frommheit, Bekenntnis, Konfession, Religion

heilig

im Unterschied zu allem Irdischen göttlich vollkommen u. daher verehrungswürdig; von göttlichem Geist erfüllt; göttliches Heil spendend; durch seinen Ernst Ehrfurcht einflößend; unantastbar

geheiligt, gesegnet, geweiht, sakral, göttlich, himmlisch, selig, fromm, rein, Ehrfurcht einflößend, tabu, unantastbar, sakrosankt

Priester

(in vielen Religionen) als Mittler zwischen Gott u. Mensch auftretender, mit besonderen göttlichen Vollmachten ausgestatteter Träger eines religiösen Amtes, der eine rituelle Weihe empfangen hat u. zu besonderen kultischen Handlungen berechtigt ist

Diener Gottes, Diener der Kirche, Geistlicher, Pfarrer, geistlicher Würdenträger, Hirte, Gottesmann, Seelenhirte, Pastor

Schöpfer

jmd., der etw. Bedeutendes geschaffen, hervorgebracht, gestaltet hat; Gott als Erschaffer der Welt

Allwissender, der liebe Gott, Er, Gott [der Herr], Gottvater, Herr, Schöpfergott, Unsterblicher, Allmächtiger, Erbarmer, Gottheit; Vater im Himmel

anbeten

(ein höheres Wesen) betend verehren; jmdn. überschwänglich verehren, vergöttern

anschmachten, anschwärmen, aufblicken, aufschauen, aufsehen, bewundern, verehren, vergöttern, schwärmen, zu Füßen liegen

Seele

Gesamtheit dessen, was das Fühlen, Empfinden, Denken eines Menschen ausmacht; Psyche; substanz-, körperloser Teil des Menschen, der nach religiösem Glauben unsterblich ist, nach dem Tode weiterlebt

Empfindungsleben, Gefühlsleben, Gemüt, Herz, Innenwelt, Inneres, Psyche, Kern

[-stück], Mitte, Nabel, Seele des Ganzen, Herzstück

barmherzig

mitfühlend, mildtätig gegenüber Notleidenden; Verständnis für die Not anderer zeigend

glimpflich, [grund-]gütig, milde, mitfühlend, nachsichtig, mildtätig, gnädig

demütig

voller Demut, unterwürfig, ergeben

demutsvoll, ergeben, kniefällig, unterwürfig, voller Demut, flehentlich, devot

bewundern

eine Sache, Person od. deren Leistung als außergewöhnlich betrachten u. staunend anerkennende Hochachtung für sie empfinden [u. diese äußern]

anbeten, anschwärmen, aufblicken, aufsehen, bestaunen, Bewunderung entgegenbringen, vergöttern, voller Bewunderung sein

Materiell

materiell

die Materie betreffend, auf Materie beruhend, stofflich, das Material, den Materialwert betreffend, wirtschaftlich, finanziell, auf Besitz und Gewinn bedacht, unempfänglich für geistige, ideelle Werte

dinghaft, dinglich, gegenständlich, greifbar, konkret, körperhaft, körperlich, physisch, plastisch, sinnlich [wahrnehmbar], finanziell, geldlich, wirtschaftlich

Reichtum

großer Besitz, Ansammlung von Vermögenswerten, die Wohlhabenheit u. Macht bedeuten

Besitz, Besitztümer, Gelder, Güter, Kapital, Mittel, Schätze, Vermögen, Vermögenswerte, Wohlhabenheit

Gold

rötlich gelb glänzendes, weiches Edelmetall (chemisches Element); Gegenstand aus Gold

aus Gold, goldfarben

Geld

vom Staat geprägtes od. auf Papier gedrucktes Zahlungsmittel; größere [von einer bestimmten Stelle stammende, für einen bestimmten Zweck vorgesehene] Summe

Banknoten, Münzen, Scheine, Währung, Zahlungsmittel

erben

jmds. Eigentum nach dessen Tod erhalten; durch Erbschaft erlangen; von seinen Eltern, Vorfahren als Veranlagung, Begabung mitbekommen

als Erbe erhalten, durch Erbschaft erlangen, eine Erbschaft antreten/machen, mitbekommen, vererbt bekommen

Eigentum

jmdm. Gehörendes; Sache, über die jmd. die Verfügungs- u. Nutzungsgewalt, die rechtliche (aber nicht unbedingt die tatsächliche) Herrschaft hat; Recht od. Verfügungs- u. Nutzungsgewalt des Eigentümers, rechtliche (aber nicht unbedingt tatsächliche) Herrschaft über etw.

Besitz[-tum], Gut, Habseligkeit, Haus und Hof, Reichtum, Schatz, Vermögen, Eigen, Geld und Gut, Habe, Hab und Gut

Ruhm

weit reichendes hohes Ansehen, das eine bedeutende Person auf Grund von herausragenden Leistungen, Eigenschaften bei der Allgemeinheit genießt

Ansehen, Berühmtheit, Weltgeltung, Weltruf, Weltruhm

wertvoll

von hohem [materiellem, künstlerischem od. ideellem] Wert, kostbar; sehr gut zu verwenden, nützlich u. hilfreich

bedeutend, de luxe, edel, exquisit, geliebt, geschätzt, gut, hochwertig, kostbar, lieb, nicht mit Gold zu bezahlen/aufzuwiegen, qualitätvoll, teuer, unbezahlbar, unentbehrlich, unersetzlich, viel wert, von besonderer Güte, vornehm, vortrefflich, vorzüglich, brauchbar, dienlich, förderlich, fruchtbar, Frucht bringend, Gewinn bringend, Gold wert, gut, gute Dienste leistend, heilsam, nicht zu unterschätzen, nutzbringend, nütze, Nutzen bringend, nützlich, segensreich, segensvoll, sinnvoll, von Nutzen/Wert, vorteilhaft, wirksam, zu gebrauchen, zuträglich, zweckmäßig

Schmuckstück

oft aus kostbarem Material bestehender Gegenstand (wie Kette, Reif, Ring), der zur Verschönerung, zur Zierde am Körper getragen wird; etw. besonders Schönes, ein besonders schönes Exemplar seiner Art, Gattung

Kleinod, Schmuck, Schmuckstein, Juwel, Geschmeide

edel

adlig; reinrassig, hochgezüchtet; menschlich vornehm; von vornehmer Gesinnung [zeugend]; (von bestimmten Erzeugnissen o. Ä.) vorzüglich; hochwertig

adlig, aristokratisch, echt, mit Stammbaum, hochgezüchtet, rasserein, rein, reinrassig, achtenswert, Achtung/Anerkennung verdienend, anerkennenswert, aufrecht, ehrenhaft, ehrenwert, grundanständig, hochanständig, integer, lobenswert, rechtschaffen, redlich, rühmenswert, rühmlich, unbestechlich, von edler/vornehmer Gesinnung, edelmütig, großherzig, hochherzig, ausgesucht, ausgewählt, ausgezeichnet, de luxe, erstklassig, exquisit, fein, gepflegt, hervorragend, hochwertig, kostbar, mondän, qualitätvoll, rar, sehr gut, teuer, überragend, unübertrefflich, von besonderer Güte, von bester Qualität, vortrefflich, vorzüglich, wertvoll

Bequemlichkeit

das Leben erleichternde Annehmlichkeit; bequeme Einrichtung, Komfort; Trägheit

Annehmlichkeit, Behaglichkeit, Gemütlichkeit, Komfort, Vorzug, Gleichgültigkeit, Interesselosigkeit, Passivität, Teilnahmslosigkeit, Trägheit, Müßiggang, Müßigkeit

Verträumt

verträumt

in seinen Träumen, Fantasien lebend (u. dadurch der Wirklichkeit entrückt), fern, abseits vom lauten Getriebe, idyllisch

gedankenfern, gedankenverloren, gedankenversunken, geistesabwesend, in den Wolken schwebend, [in Gedanken] versunken, träumerisch, traumverloren, traumversunken, versonnen, entrückt, selbstvergessen, selbstversunken, weltentrückt, auf Wolke sieben, nicht [ganz] bei sich, beschaulich, friedlich, geruhsam, idyllisch, lauschig, malerisch, friedvoll

Ozean

große zusammenhängende Wasserfläche zwischen den Kontinenten; riesiges Meer; Weltmeer

[das große] Wasser, die See, [Welt-]meer, der große Teich

Insel

ringsum vom Wasser eines Meeres, Sees, Flusses umgebenes Stück Land

Atoll, Schäre, Werder

Wasser

(aus einer Wasserstoff-Sauerstoff-Verbindung bestehende) durchsichtige, weitgehend farb-, geruch- u. geschmacklose Flüssigkeit, die bei 0 C gefriert u. bei 100 C siedet; Wasser eines Gewässers; ein Gewässer bildendes Wasser ; Gewässer

Flüssigkeit, Trinkwasser, Gewässer

schwimmen

sich im Wasser aus eigener Kraft (durch bestimmte Bewegungen der Flossen, der Arme u. Beine) fortbewegen <ist>; von einer Flüssigkeit (bes. Wasser) getragen, sich an deren Oberfläche befinden [u. treiben] <hat; seltener auch: ist; etw. im Überfluss haben od. genießen <hat>

kraulen, tauchen, rudern, baden, planschen, driften, treiben

Mond

der einzige natürliche Satellit der Erde, der nur an bestimmten Tagen sichtbar ist, wegen seiner großen Erdnähe ziemlich groß erscheint u. unter bestimmten Bedingungen die Nacht mehr oder weniger stark erhellen kann; einen Planeten umkreisender Himmelskörper; Satellit

Erdtrabant

Strom

großer (meist ins Meer mündender) Fluss; Strömung; fließende Elektrizität, in einer (gleich bleibenden od. periodisch wechselnden) Richtung sich bewegende elektrische Ladung

fließendes Gewässer, Fließgewässer, Fluss, große Zahl, Lawine, Legion, Masse, Menge, Schar, Vielzahl, Unmasse

Baum

Holzgewächs mit festem Stamm, aus dem Äste wachsen, die sich in Laub od. Nadeln tragende Zweige teilen

blau

von der Farbe des wolkenlosen Himmels
blitzblau, veilchenblau

unendlich

*ein sehr großes, unabsehbares, unbegrenzt scheinendes Ausmaß besitzend; endlos;
überaus groß, ungewöhnlich stark [ausgeprägt]; in überaus großem Maße; sehr,
außerordentlich*
grenzenlos, unbegrenzt, unendlich lange, in infinitum

Tier

*mit Sinnes- u. Atmungsorganen ausgestattetes, sich von anderen tierischen od.
pflanzlichen Organismen ernährendes, in der Regel frei bewegliches Lebewesen,
das nicht mit der Fähigkeit zu logischem Denken u. zum Sprechen befähigt ist*
Bestie, Barbar, Barbarin, Gewaltmensch, Unmensch, Scheusal, Vieh

Lustorientiert

Lust

*Bedürfnis, Begierde, Drang, Gier, Leidenschaft, Neigung, Passion, Sehnsucht,
Wunsch, Begehr, Begehren, Begier, Gelüste, Hunger, Sehnen, Verlangen, Begeiste-
rung, Freude, Genuss, Glücksgefühl, Hochgenuss, Seligkeit, Spaß, Vergnügen,
Wohlgefühl*

sexuell

die Sexualität betreffend, darauf bezogen
geschlechtlich, körperlich, sexual, sinnlich, erotisch, intim, libidinös

intim

*sehr nahe u. vertraut (in Bezug auf das persönliche Verhältnis zwischen Men-
schen); sexuell*
eng, innig, nahe [stehend], persönlich, tief, vertraut, erotisch, geschlechtlich,
sexuell, zärtlich, anheimelnd, behaglich, gemütlich, heimelig, lauschig, trau-
lich

verführen

*jmdn. dazu bringen, etw. Unkluges, Unrechtes, Unerlaubtes gegen seine eigentli-
che Absicht zu tun; verlocken, verleiten*
animieren, anregen, anreizen, anstacheln, anstiften, bestechen, gewinnen,
hinreißen, irreführen, motivieren, nötigen, reizen, überreden, verleiten, betören, verlocken, manipulieren, zum Anbeißen bringen, in Versuchung brin-
gen/führen, versuchen

Nacktheit,
das Nacktsein, Unbekleidetsein
Blöße, Nudität

lustvoll
von einem sehr angenehmen Gefühl begleitet; voller Lust
begierig, behaglich, genüsslich, lustbetont, schwelgerisch, sinnenhaft, sinnlich, voller Behagen, voller Genuss, begehrlich, sinnenfreudig, sinnenfroh, wollüstig, wonnevoll

Verlangen
stark ausgeprägter Wunsch (nach jmdm., etw.); starkes inneres Bedürfnis; ausdrücklicher Wunsch; nachdrücklich geäußerte Bitte, Forderung
Appetit, Bedürfnis, Begierde, Drang, Gier, Lust, Sehnsucht, Wunsch, Begehr, Begehren, Gelüste, Hunger

Zärtlichkeit
starkes Gefühl der Zuneigung u. damit verbundener Drang, dieser Zuneigung Ausdruck zu geben; das Zärtlichsein
Umarmung, Liebkosung, Fürsorglichkeit, Hingabe

Liebkosung
zärtliche Berührung, Streicheln o. Ä.

männlich
dem zeugenden, befruchtenden Geschlecht angehörend; für den Mann typisch, charakteristisch
maskulin, viril

sinnlich
zu den Sinnen gehörend, durch sie vermittelt; mit den Sinnen wahrnehmbar, aufnehmbar; auf Sinnengenuss ausgerichtet; dem Sinnengenuss zugeneigt
mit den Sinnen, sensuell, sinnenhaft, fühlbar, hörbar, riechbar, sichtbar, tastbar, wahrnehmbar, genießerisch, genussfreudig, genüsslich, lustbetont, sinnenfreudig, weltlich, lüstern, lustvoll, sinnenfroh, wonnevoll, begehrlich, erotisch, geschlechtlich, sexuell, triebhaft, verführerisch, faunisch, fleischlich, lüstern

Erlebnisorientiert

Erlebnis
von jmdm. als in einer bestimmten Weise beeindruckend erlebtes Geschehen
Abenteuer, Affäre, Ding, Einschnitt, Episode, Erfahrung, Fall, Markstein, Sache, Sensation, Veranstaltung, Vorfall, Vorgang, Vorkommnis, Begebenheit, Geschehen, Geschehnis, Schauspiel, Event

hochklettern

in die Höhe, nach oben klettern; hinaufklettern

aufsitzen, besteigen, sich hinaufschwingen, sich hochschwingen, sich schwingen, steigen, klettern, besteigen, emporsteigen, erklettern, ersteigen, heraufsteigen, hinaufgehen, hinaufklettern, hinaufsteigen, hochsteigen, erklimmen, klimmen, aufsteigen, aufdampfen, aufwallen, aufwärts steigen, hochsteigen, emporsteigen, heraufsteigen, hochkommen

Gipfel

höchste Spitze eines [steil emporragenden, hohen] Berges; das höchste denkbare, erreichbare Maß von etw.; das Äußerste; Höhepunkt

Berggipfel, Bergspitze, [Baum-]krone, [Baum-]wipfel, Gipfelpunkt, Glanzpunkt, Höchstmaß, Höhe[-punkt], Krönung, Kulminationspunkt, Optimum, Siedepunkt, Spitze, Klimax, Maximum, Zenit

Berg

größere Erhebung im Gelände; große Masse, Haufen

Anhöhe, Bergkegel, Bergrücken, Erhebung, Gipfel, Höhe, Anhäufung, Ansammlung, Flut, Fülle, große Zahl, Lawine, Masse, Menge, Reihe, Stapel, Stoß, Turm, Vielzahl, Haufen, Ladung, Schwung

Wüste

durch Trockenheit, Hitze u. oft gänzlich fehlende Vegetation gekennzeichnetes Gebiet der Erde, das über weite Strecken mit Sand u. Steinen bedeckt ist; ödes, verlassenes od. verwüstetes Gebiet

Wüstenlandschaft, Trockengebiet, Einöde, einsame Gegend, Einsamkeit, Öde, Wildnis

Geschwindigkeit

Verhältnis von zurückgelegtem Weg zu aufgewendeter Zeit; Schnelligkeit, Tempo

Fahrt, Schnelle, Schnelligkeit, Tempo

Abenteuer

mit einem außergewöhnlichen, erregenden Geschehen verbundene gefahrvolle Situation, die jmd. mit Wagemut zu bestehen hat; außergewöhnliches, erregendes Erlebnis

Erlebnis, Experiment, gewagtes Unternehmen, Risiko, Unterfangen, Wagnis

Anstrengung

Bemühung, Kraftaufwand, Einsatz (für ein Ziel); [Über-]beanspruchung, Strapaze

Bemühung, Bestrebung, Eifer, Einsatz, Emsigkeit, Energie, Kraftanstrengung, Kraftaufwand, Engagement, Arbeit, Beanspruchung, Belastung, Beschwerde, Beschwerlichkeit, Mühe

Feuer

Form der Verbrennung mit Flammenbildung, bei der Licht u. Wärme entstehen

Brand, Flammen, Schadenfeuer, Feuermeer, Feuersbrunst, Begeisterung, Dynamik, Eifer, Einsatz, Energie, Kraft, Lebendigkeit, Lebhaftigkeit, Leidenschaft, Leidenschaftlichkeit, Pep, Regsamkeit, Schwung, Spannkraft, Tatendrang, Tatkraft, Temperament, Überschwang, Unternehmungslust, Vitalität

Gewitter

mit Blitzen, Donner [u. Regen o. Ä.] verbundenes Unwetter

Blitz und Donner, Unwetter, Wetterleuchten, Donnerwetter

wild

nicht domestiziert; nicht kultiviert, nicht durch Züchtung verändert; wild lebend; wild wachsend; unzivilisiert, nicht gesittet; heftig, stürmisch; ungestüm, ungezügelt; durch nichts gehemmt, abgeschwächt, gemildert

nicht domestiziert, nicht kultiviert, ungebändigt, wild lebend, wild wachsend, barbarisch, unkultiviert, unzivilisiert, wüst, unkontrolliert, wuchernd, außer Kontrolle geraten, entfesselt, frei, grenzenlos, nicht reglementiert, ohne Einschränkung/Kontrolle, schrankenlos, unbeaufsichtigt, unbehindert, unbeschränkt, uneingeschränkt, ungehemmt, ungehindert, ungesichert, enthemmt, heftig, heißblütig, hemmungslos, hitzig

Kulturell

Kultur

Gesamtheit der geistigen, künstlerischen, gestaltenden Leistungen einer Gemeinschaft als Ausdruck menschlicher Höherentwicklung

Bildung, Zivilisation, Kultiviertheit, Lebensart, Lebensstil

Theater

zur Aufführung von Bühnenwerken bestimmtes Gebäude; Theater als kulturelle Institution; darstellende Kunst [eines bestimmten Volkes, einer bestimmten Epoche, Richtung] mit allen Erscheinungen

Bühne, Festspielhaus, Kammerspiele, Oper, Opernhaus, Schauspielhaus, Aufführung, Inszenierung, Vorstellung, darstellende Kunst

Kunst

schöpferisches Gestalten aus den verschiedensten Materialien od. mit den Mitteln der Sprache, der Töne in Auseinandersetzung mit Natur u. Welt; einzelnes Werk, die Werke eines Künstlers, einer Epoche o. Ä.; künstlerisches Schaffen; das Können, besonderes Geschick, [erworbene] Fertigkeit auf einem bestimmten Gebiet

Gesamtwerk, Kunstwerk, [künstlerisches] Schaffen, Werk

Poesie
Dichtung als Kunstgattung; Dichtkunst
Dichtkunst, Dichtung, Lyrik, Magie, magische Wirkung, poetische Stimmung, Verzauberung, Zauber

Buch
größeres, gebundenes Druckwerk; in Buchform veröffentlichter literarischer, wissenschaftlicher o. ä. Text
Band, Bestseller, Druckerzeugnis, Druckwerk, Einzelband, Foliant, Hardcover, Leporelloalbum, Leporellobuch, Longseller, Paperback, Printmedium Reader, Taschenbuch, Sammelband, Titel, Abhandlung, Arbeit, Niederschrift, Publikation, Schrift, Studie, Text, Titel, Untersuchung, Veröffentlichung, Werk

Zeremonie
in bestimmten festen Formen bzw. nach einem Ritus ablaufende feierliche Handlung
[festlicher] Akt, feierliche Handlung, Feierlichkeit, Ritual, Ritus

Eleganz
(in Bezug auf die äußere Erscheinung) geschmackvolle Vornehmheit, Gewandtheit, Geschmeidigkeit, Harmonie [in der Bewegung], kultivierte, elegante Form, Beschaffenheit
Feinheit, Schick, Schönheit, Stil, Vornehmheit, Noblesse, Geschmeidigkeit, Gewandtheit, Harmonie, Ausgesuchtheit, Erlesenheit, Gepflegtheit, Geschliffenheit, Kultiviertheit

Lebenskünstler
jmd., der die Lebenskunst beherrscht

Präzision
Eindeutigkeit, Klarheit, Genauigkeit
Akkuratesse, Eindeutigkeit, Exaktheit, Genauigkeit, Klarheit, Unmissverständlichkeit, Unzweideutigkeit, Trennschärfe

Zauber
Handlung des Zauberns, magische Handlung, magisches Mittel; Zauberkraft; magische Wirkung
Abrakadabra, Zauberformel, Zauberspruch, magische Wirkung, Zauberkraft, Anziehungskraft, Ausstrahlung, Charisma, Charme, Faszination, Reiz, Strahlung, Wirkung

Leichtigkeit
geringes Gewicht; Eigenschaft, leicht zu sein
Kinderspiel, Einfachheit, Mühelosigkeit, Problemlosigkeit, Unkompliziertheit

rational
von der Ratio bestimmt; vernünftig
besonnen, klar[-blickend], nüchtern, objektiv, pragmatisch, realistisch, sachlich

Erfinder
jmd., der etw. erfindet (1), einen Gegenstand, eine Verfahrensweise, einen neuen Gedanken o. Ä. als Erster hervorbringt

Forscher
jmd., der auf einem Gebiet [wissenschaftliche] Forschung betreibt
Erfinder, Erfinderin, Gelehrter, Gelehrte, Wissenschaftler, Wissenschaftlerin

Wissenschaft
(ein begründetes, geordnetes, für gesichert erachtetes) Wissen hervorbringende forschende Tätigkeit in einem bestimmten Bereich
Forschung, Lehre, Theorie

Erbauer
jmd., der etw. erbaut [hat]
Baukünstler, Baukünstlerin, Baumeister, Baumeisterin, Architekt/in

produzieren
erzeugen, herstellen
anfertigen, erzeugen, fertigen, herstellen, machen, verfertigen, entstehen lassen, hervorbringen, machen, schaffen, verursachen

Handel
Teilbereich der Wirtschaft, der sich dem Kauf u. Verkauf von Waren, Wirtschaftsgütern widmet; das Kaufen u. Verkaufen, Handeln (1 a) mit Waren, Wirtschaftsgütern; Warenaustausch; Geschäftsverkehr
Business, Einzelhandel, Geschäftsleben, Geschäftswelt, Abgabe, Geschäft, Veräußerung, Verkauf, Vertrieb, Handelsfirma, Handelsgeschäft, [Handels-]unternehmen

Industrie
Wirtschaftszweig, der die Gesamtheit aller mit der Massenherstellung von Konsum- u. Produktionsgütern beschäftigten Fabrikationsbetriebe eines Gebietes umfasst
industrieller Wirtschaftssektor/Wirtschaftszweig, Massenfabrikation, Unternehmerschaft, Wirtschaft

Logik
Lehre, Wissenschaft von der Struktur, den Formen u. Gesetzen des Denkens; Folgerichtigkeit des Denkens
Denklehre, Folgerichtigkeit, Konsequenz, Schlüssigkeit, Stringenz

konkret

als etw. sinnlich, anschaulich Gegebenes erfahrbar; auf einen infrage stehenden Einzelfall bezogen

dinghaft, dinglich, existent, faktisch, gegenständlich, greifbar, leibhaftig, materiell, sinnlich [wahrnehmbar], stofflich, tatsächlich, vorhanden, wirklich, bestimmt, deutlich, eindeutig, exakt, genau, klar, unmissverständlich, unzweideutig

bauen

nach einem bestimmten Plan in einer bestimmten Bauweise ausführen [lassen], errichten, anlegen; einen Wohnbau errichten, ausführen [lassen]

aufbauen, aufrichten, erbauen, errichten, erstellen, anlegen, entstehen lassen, [er-]schaffen, ausarbeiten, entwickeln, erfinden, hervorbringen, konstruieren, planen, schaffen, anfertigen, fertigen, herstellen, produziewren, verfertigen

Kritisch

kritisch

nach präzisen wissenschaftlichen, künstlerischen oder ähnlichen Maßstäben prüfend und beurteilend; eine negative Beurteilung enthaltend, missbilligend; schwierig, bedenklich, eine Wende ankündigend, entscheidend, wissenschaftlich erläuternd

beurteilend, prüfend, unterscheidend, abfällig, ablehnend, abschätzig, geringschätzig, herabsetzend, missbilligend, tadelnd, verächtlich, vernichtend

Misstrauen

kritische, das Selbstverständliche bezweifelnde Einstellung gegenüber einem Sachverhalt, das Zweifeln an der Vertrauenswürdigkeit einer Person; Argwohn, Skepsis

Bedenken haben, dem Frieden nicht trauen, infrage stellen, kein Vertrauen haben, misstrauisch sein, nicht glauben, nicht [über den Weg] trauen, skeptisch sein, zweifeln, Argwohn hegen/schöpfen, argwöhnisch sein, beargwöhnen, das Vertrauen versagen, mit Misstrauen begegnen, Verdacht schöpfen, spanisch vorkommen

Zweifel

Bedenken, schwankende Ungewissheit, ob jmdm., jmds. Äußerung zu glauben ist, ob ein Vorgehen, eine Handlung richtig u. gut ist, ob etw. gelingen kann o. Ä.

Hin-und-her-Schwanken, innerer Widerstreit, Skepsis, Skrupel, Unentschiedenheit, Ungewissheit, Unklarheit, Unschlüssigkeit, Unsicherheit, Vagheit, Verlegenheit, Zaudern, Zerrissenheit, Zögern, Zwiespalt, Fragezeichen

hartnäckig

eigensinnig an etw. festhaltend, auf seiner Meinung beharrend, unnachgiebig; beharrlich ausdauernd; nicht bereit, auf- od. nachzugeben

eigensinnig, starr, störrisch, unnachgiebig, dickköpfig, halsstarrig, rechthaberisch, starrköpfig, verstockt, stur, ausdauernd, beharrlich, standhaft, unbeirrbar, unbeirrt, unentwegt, unermüdlich, unerschütterlich, unverdrossen, verbissen, zäh, insistent

Gefahr

Möglichkeit, dass jmdm. etw. zustößt, dass ein Schaden eintritt; drohendes Unheil

Bedrohung, drohendes Unheil, Gefährdung, Risiko, Unsicherheit; (dichter.): Fährde, Fährnis

Angst

mit Beklemmung, Bedrückung, Erregung einhergehender Gefühlszustand [angesichts einer Gefahr]; undeutliches Gefühl des Bedrohtseins

Angstgefühl, Ängstlichkeit, Angstzustand, Bangigkeit, Beklemmung, Furcht, Furchtsamkeit, Panik, Bangnis, Herzensangst

Fehler

etw., was falsch ist, vom Richtigen abweicht; Unrichtigkeit; irrtümliche Entscheidung, Maßnahme; Fehlgriff; schlechte Eigenschaft, Mangel

Inkorrektheit, Unrichtigkeit, Fehlgriff, Irrtum, Missgeschick, Missgriff, Panne, Ungeschicklichkeit, Versehen, Fauxpas, Lapsus, Beschädigung, Defekt, Fabrikationsfehler, Lädierung, Macke, Schaden

Leere

das Leersein

luftleerer Raum, Nichts, Vakuum, Einfallslosigkeit, Gehaltlosigkeit, Geistlosigkeit, Ideenlosigkeit, Inhaltslosigkeit, Oberflächlichkeit, Banalität, Fadheit, Gemeinplatz, Hohlheit, Plattheit, Seichtheit

Aufstand

Empörung, Aufruhr, Erhebung

Auflehnung, Aufruhr, Empörung, Erhebung, Krawall, Meuterei, Putsch, Rebellion, Revolte, Revolution, Unruhen, Volksaufstand, Volkserhebung

kritisieren

fachlich beurteilen, besprechen; mit einer Person od. Sache nicht einverstanden sein, weil sie bestimmten Maßstäben nicht entspricht, u. dies in tadelnden Worten zum Ausdruck bringen

begutachten, besprechen, beurteilen, bewerten, eine Besprechung/Kritik/Rezension schreiben, [kritisch] würdigen, rezensieren, urteilen, verreißen, attackieren, beanstanden, bemängeln, auszusetzen geben/haben, Kritik üben, missbilligen, monieren, nicht akzeptieren, nicht durchgehen lassen, nicht hinnehmen, rügen, tadeln

Schrei

unartikuliert ausgestoßener, oft schriller Laut eines Lebewesens; (beim Menschen) oft durch eine Emotion ausgelöster, meist sehr lauter Ausruf
Aufschrei, Hilferuf, Jammerlaut, Ruf

Dominant

dominant

vorherrschend, überdeckend
beherrschend, bestimmend, dominierend, prädominant, prädominierend, prävalent, prävalierend, führend, tonangebend, überlegen, übermächtig, präpotent

beherrschen

über jmdn., etw. (bes. über ein unterworfenes, unterdrücktes Volk, Land) Macht ausüben; als Herrscher regieren
die Herrschaft ausüben, dominieren, führen, herrschen, knebeln, kontrollieren, leiten, lenken, Macht ausüben, regieren, unterdrücken, verwalten, walten, gebieten, unter der Fuchtel haben, tyrannisieren, knechten

Macht

Gesamtheit der Mittel und Kräfte, die jmdm. od. einer Sache anderen gegenüber zur Verfügung stehen; mit dem Besitz einer politischen, gesellschaftlichen, öffentlichen Stellung u. Funktion verbundene Befugnis, Möglichkeit od. Freiheit, über Menschen u. Verhältnisse zu bestimmen, Herrschaft auszuüben
Ansehen, Autorität, Einfluss, Geltung, Gewicht, Machtstellung, Stärke, Vermögen, Prestige, Machtposition

befehlen

den Befehl, den Auftrag geben, etw. zu tun; etw. gebieten, zu einem bestimmten Zweck an einen bestimmten Ort kommen lassen, beordern, die Befehlsgewalt haben
anordnen, anweisen, auferlegen, aufgeben, auftragen, beauftragen, bestimmen, Befehl geben/erteilen, festlegen, heißen, erlassen, sagen, veranlassen, verfügen, verordnen, verschreiben, vorschreiben, gebieten, diktieren, administrieren

strafen

jmdm. eine Strafe auferlegen; eine Strafe an jmdm., an jmds. Eigentum wirksam werden lassen
abstrafen, bestrafen, einen Denkzettel erteilen/geben/verpassen, eine Strafe auferlegen, maßregeln, mit jmdm. ins Gericht gehen, vergelten, zur Rechen-

142

schaft ziehen, zur Verantwortung ziehen, ahnden, züchtigen, pönalisieren, mit Sanktionen belegen, sanktionieren, eine Strafe aufbrummen

verbieten

etw. für nicht erlaubt erklären; etw. zu unterlassen gebieten; untersagen, (eine Sache) durch ein Gesetz o. Ä. für unzulässig erklären, auf etw. verzichten, von etw. absehen, es sich versagen, nicht zugestehen, nicht in Betracht kommen; ausgeschlossen sein

abstellen, auf den Index setzen, nicht gewähren, unterbinden, untersagen, verwehren, verweigern, zurechtweisen, zurückweisen, zur Ordnung rufen, Einhalt gebieten/tun, verweisen, zu Fall bringen, abbiegen, umbiegen

Ironie

feiner, verdeckter Spott, mit dem man etw. dadurch zu treffen sucht, dass man es unter dem augenfälligen Schein der eigenen Billigung lächerlich macht, paradoxe Konstellation, die einem als Spiel einer höheren Macht erscheint

Gespött, Hohn, Spott, Spöttelei, Spötterei, Verhöhnung, Verspottung, Zynismus

erobern

(ein fremdes Land, Gebiet o. Ä.) durch eine militärische Aktion an sich bringen, durch eigene Anstrengung, Bemühung oft gegen Widerstände erlangen, erhalten, gewinnen

besetzen, Besitz ergreifen, einnehmen, erstürmen, in Besitz nehmen, okkupieren, annektieren, kapern, kaschen, sich unter den Nagel reißen, stürmen, erfechten, erhalten, erkämpfen, erlangen, erringen, erstreiten, ergattern

Sieg

Erfolg, der darin besteht, sich in einer Auseinandersetzung, im Kampf, im Wettstreit o. Ä. gegen einen Gegner, Gegenspieler o. Ä. durchgesetzt zu haben, ihn überwunden, besiegt zu haben

Anerkennung, Durchbruch, Erfolg, Errungenschaft, Gewinn, [großer] Wurf, Triumph

Maske

vor dem Gesicht getragene, das Gesicht einer bestimmten Figur, einen bestimmten Gesichtsausdruck darstellende [steife] Form aus Pappe, Leder, Holz o. Ä. als Requisit des Theaters, Tanzes, der Magie, mit Hilfe eines Gipsabdrucks hergestellte Nachbildung eines Gesichts; Gipsmaske; Totenmaske

[Fastnachts-]gesicht, Gesichtsmaske

eigenwillig

sich im Verhalten u. Gestalten stark vom Eigenwillen leiten lassend; den eigenen [Gestaltungs-]willen nachdrücklich zur Geltung bringend

abenteuerlich, aus dem Rahmen fallend, ausgefallen, außergewöhnlich, bizarr, exotisch, extravagant, kapriziös, kühn, nicht alltäglich, originell, speziell, ungewöhnlich, ungewohnt, unnachahmlich, skurril, unkonventionell, unorthodox

Kämpferisch

kämpferisch

den Kampf betreffend, zu ihm gehörend, für ihn notwendig, ihm dienend, den Willen, die unbedingte Bereitschaft besitzend, für od. um etw. zu kämpfen
beim Kämpfen, im Kampf, kriegerisch, militärisch, im Wettkampf, aggressiv, angriffslustig, beherzt, draufgängerisch, engagiert, heldenmütig, herausfordernd, hitzig, kampfbereit, kampfesfreudig, kampfeslustig, konfliktfähig, kühn, militant, polemisch, kombattant, martialisch

Soldat

Angehöriger der Streitkräfte eines Landes
Armeeangehöriger, Kämpfer, Legionar, Legionär, Wehrdienstleistender, Krieger, Kriegsknecht

Gewehr

Schusswaffe mit langem Lauf u. Kolben, die im Allgemeinen an der Schulter in Anschlag gebracht wird
Büchse, Flinte, Karabiner, Schrotflinte, Schusswaffe, Knaller, Knarre

Krieg

mit Waffengewalt ausgetragener Konflikt zwischen Staaten, Völkern; größere militärische Auseinandersetzung, die sich über einen längeren Zeitraum erstreckt
bewaffneter Konflikt, Fehde, Gefecht, Kampfhandlungen, kriegerische/militärische Auseinandersetzung, militärischer Konflikt, Schlacht, Feldzug

Rüstung

den Körperformen eines Kriegers angepasster Schutz [aus Metall] gegen Verwundungen, der ähnlich wie eine Uniform getragen wird, das Rüsten, Gesamtheit aller militärischen Maßnahmen u. Mittel zur Verteidigung eines Landes od. zur Vorbereitung eines kriegerischen Angriffs
Aufrüstung, Bewaffnung, Bewehrung, Hochrüstung, Mobilisierung

angreifen

in feindlicher Absicht den Kampf gegen jmdn., etw., beginnen, heftig kritisieren, zu widerlegen suchen, attackieren
anfallen, angehen, anstürmen, attackieren, bestürmen, das Feuer/die Feindseligkeiten eröffnen, den Kampf beginnen, eine Offensive einleiten/starten, herfallen, offensiv werden, sich stürzen, überfallen, sich werfen, zum Angriff/zur Offensive übergehen, stürmen, bekämpfen, entgegentreten, Front machen, hart/scharf ins Gericht gehen mit, kämpfen, Kritik üben, kritisieren

144

Jagd

das Aufspüren, Verfolgen, Erlegen od. Fangen von Wild; Verfolgung, um jmdn.
zu ergreifen od. etw. zu erlangen
Jägerei, Jagdgebiet, Jagdrevier, Revier, Fahndung, Hatz, Suche, Verfolgung,
Nachstellung

Mauer

Wand aus Steinen [u. Mörtel]
Mauerwerk, Steinwand, Wall, Wand

Unordnung

durch das Fehlen von Ordnung gekennzeichneter Zustand
Chaos, Durcheinander, Gewirr, Schlachtfeld, Wirrwarr, Anarchie, Auflösung,
Aufregung, Gesetzlosigkeit, Herrschaftslosigkeit, Konfusion, Planlosigkeit,
Regellosigkeit, Tohuwabohu, Tumult, Verwirrung, Wirrnis, Wirrsal

Grenze

(durch entsprechende Markierungen gekennzeichneter) Geländestreifen, der
politische Gebilde (Länder, Staaten) voneinander trennt, Trennungslinie zwi-
schen Gebieten, die im Besitz verschiedener Eigentümer sind od. sich durch
natürliche Eigenschaften voneinander abgrenzen, Begrenzung, Abschluss[-linie],
Schranke
Demarkationslinie, Trennungslinie, Grenzlinie, Abgrenzung, Absperrung,
Barriere, Begrenzung, Grenzziehung, Limit, Rand

Flucht

das Fliehen, Flüchten; das unerlaubte u. heimliche Verlassen eines Landes, Ortes;
das Ausweichen aus einer als unangenehm empfundenen od. nicht zu bewälti-
genden [Lebens-]situation
Ausbruch, Ausflucht, Entkommen

Pflichtbewusst

pflichtbewusst

sich seiner Pflicht bewusst u. entsprechend handelnd; eine entsprechende Haltung
erkennen lassend
gewissenhaft, pflichteifrig, verantwortungsbewusst, verantwortungsvoll, zuverlässig

Schule
Lehranstalt, in der Kindern u. Jugendlichen durch planmäßigen Unterricht Wis-
sen u. Bildung vermittelt werden; Schulgebäude; Ausbildung, durch die jmds.
Fähigkeiten auf einem bestimmten Gebiet zu voller Entfaltung kommen, ge-
kommen sind
Bildungsstätte, Bildungsanstalt, Lehranstalt, Ausbildungsstätte, Schulgebäude,

Schulhaus, Schulstunde, Unterricht, Ausbildung, Lehre, Schulung, Unterwiesung

sparen

Geld nicht ausgeben, sondern [für einen bestimmten Zweck] zurücklegen, auf ein Konto einzahlen; sparsam, haushälterisch sein; bestrebt sein, von etw. möglichst wenig zu verbrauchen

Geld auf die Seite legen/beiseite legen/zurücklegen, Rücklagen bilden, sein Geld zusammenhalten, bescheiden leben, sich beschränken, sich einschränken, geizen, haushalten, haushälterisch sein, kurz treten, rationieren, sich bescheiden, sich Entbehrungen auferlegen, einsparen, nicht aufwenden/ausgeben, nicht gebrauchen/verwenden

schreiben

Schriftzeichen, Buchstaben, Ziffern, Noten o. Ä. in einer bestimmten lesbaren Folge mit einem Schreibgerät auf einer Unterlage, meist Papier, [auf-]zeichnen; komponieren u. niederschreiben

kritzeln, abfassen, anfertigen, aufschreiben, aufsetzen, formulieren, in Worte fassen/kleiden, niederschreiben, verfassen, zum Ausdruck bringen, zu Papier bringen

Disziplin

das Einhalten von bestimmten Vorschriften, vorgeschriebenen Verhaltensregeln o. Ä.; das Sicheinfügen in die Ordnung einer Gruppe, einer Gemeinschaft; das Beherrschen des eigenen Willens, der eigenen Gefühle u. Neigungen, um etw. zu erreichen

Ordnung, Beherrschtheit, Beherrschung, Kontrolle, Selbstbeherrschung, Selbstdisziplin, Selbstkontrolle

tüchtig

seine Aufgabe mit Können u. Fleiß erfüllend; als Leistung von guter Qualität; im Hinblick auf etw. sehr brauchbar; hinreichend in Menge, Ausmaß, Intensität

beflissen, betriebsam, fleißig, geschäftig, eifrig, emsig, fest zupackend, rührig, schaffensfreudig, unermüdlich

unterrichten

(als Lehrperson) Kenntnisse (auf einem bestimmten Gebiet) vermitteln; als Lehrperson tätig sein; Unterricht halten; ein bestimmtes Fach lehren; jmdm. Unterricht geben, erteilen

anleiten, beibringen, dozieren, einarbeiten, lehren, lesen, Unterricht, erteilen/geben/halten, Vorlesungen halten, Wissen vermitteln, aufklären, benachrichtigen, einweisen, erklären, erläutern, informieren, in Kenntnis setzen, ins Bild setzen

Arbeit

Tätigkeit mit einzelnen Verrichtungen, Ausführung eines Auftrags o. Ä.; das Arbeiten, Schaffen, Tätigsein; das Beschäftigtsein mit etwas

Beschäftigung, Betätigung, Hantierung, Tätigkeit, Tun, Verrichtung, Anstellung, Arbeitsplatz, Arbeitsstelle, Arbeitsverhältnis, Beruf, Berufsausübung, Berufstätigkeit, Beschäftigung, Broterwerb, Erwerbstätigkeit, Posten, Stelle, Stellung

Gesetz

vom Staat festgesetzte, rechtlich bindende Vorschrift; einer Sache innewohnendes Ordnungsprinzip; unveränderlicher Zusammenhang zwischen bestimmten Dingen u. Erscheinungen in der Natur; feste Regel, Richtlinie, Richtschnur

Bestimmung, Dekret, Diktat, Erlass, Gebot, Statut, Verordnung, Vorschrift, Weisung, Gesetzmäßigkeit, Grundsatz, Naturgesetz, Prinzip, Regelmäßigkeit, Leitfaden, Norm, Ordnung, Prinzip, Regel, Richtlinie, Richtschnur, Standard

Bescheidenheit

bescheidenes Wesen, bescheidene Art; Genügsamkeit

Anspruchslosigkeit, Bedürfnislosigkeit, bescheidene Art, bescheidenes Wesen, Einfachheit, Genügsamkeit, Selbstbescheidung, Unaufdringlichkeit, zurückhaltende Art, zurückhaltendes Wesen, Zurückhaltung, unprätentiöses Wesen

nachdenken

sich in Gedanken eingehend mit jmdm., etw. beschäftigen; versuchen, sich in Gedanken über jmdn., über einen Sachverhalt klar zu werden

sich auseinander setzen, [sich] bedenken, sich befassen, sich beschäftigen, sich besinnen, brüten, drehen und wenden, durchdenken, sich durch den Kopf gehen lassen, sich Gedanken machen, grübeln, in sich gehen, mit sich Rat halten/zurate gehen, nachgrübeln, sinnieren, überdenken, überlegen, Überlegungen anstellen, von allen Seiten betrachten

Traditionsverbunden

traditionsverbunden

sich der Tradition, in der man steht, verbunden, verpflichtet fühlend

Vaterland

Land, aus dem man stammt, zu dessen Volk, Nation man gehört, dem man sich zugehörig fühlt; Land als Heimat eines Volkes

Geburtsland, Heimat[-land]

Moral

Gesamtheit von ethisch-sittlichen Normen, Grundsätzen, Werten, die das zwischenmenschliche Verhalten einer Gesellschaft regulieren, die von ihr als verbind-

lich akzeptiert werden; sittliches Empfinden, Verhalten eines Einzelnen, einer Gruppe; Sittlichkeit

ethische/moralische Gesinnung, Sitte, sittliche Ordnung, Sittlichkeit, Wertmaßstäbe, Wertvorstellungen, sittliche Einstellung/Haltung, sittliches Empfinden/Verhalten

Vorsicht

aufmerksames, besorgtes Verhalten in Bezug auf die Verhütung eines möglichen Schadens

Achtung, Behutsamkeit, Besonnenheit, Fingerspitzengefühl, Geduld, Respekt, Rücksicht[-nahme], Sorgfalt, Überlegtheit, Umsicht, Vernunft, Vorsichtigkeit, Zartgefühl

Tradition

etwas, was im Hinblick auf Verhaltensweisen, Ideen, Kultur o. Ä. in der Geschichte, von Generation zu Generation [innerhalb einer bestimmten Gruppe] entwickelt u. weitergegeben wurde [u. weiterhin Bestand hat]

Brauch, Brauchtum, [feste] Gewohnheit, Herkommen, Konvention, Ritus, Sitte, Überlieferung, Usus

Ehre

Ansehen auf Grund offenbaren od. vorausgesetzten (bes. sittlichen) Wertes; Wertschätzung durch andere Menschen; Zeichen od. Bezeigung der Wertschätzung

Achtung, Anerkennung, Ansehen, Autorität, Bedeutung, Ehrfurcht, Geltung, [guter] Ruf, Hochachtung, Hochschätzung, hohe Einschätzung/Meinung, Image, Leumund, Respekt, Würde, Auszeichnung, Beifall, Belobigung, Belohnung, Bewunderung, Ehrung, Anstand, Ehrgefühl, Selbstachtung, Stolz, Wertgefühl, Würde

gehorchen

sich dem Willen einer [höher gestellten] Person od. Autorität unterordnen u. das tun, was sie bestimmt od. befiehlt; jmdm., einer Sache folgen; sich von jmdm., von etw. leiten lassen

sich beugen, folgen, sich fügen, Folge/Gehorsam leisten, gehorsam sein, jmds. Anordnungen entsprechen/nachkommen, hören auf, nach jmds. Pfeife tanzen, parieren, sich richten nach, sich unterordnen, sich unterwerfen, Folge leisten

Nest

aus Zweigen, Gräsern, Moos, Lehm o. Ä. meist rund geformte Wohn- u. Brutstätte bes. von Vögeln, Insekten u. kleineren Säugetieren

Brutstätte, Horst, Nestbau, Nistplatz, Schlupfloch, Unterschlupf, Verbrechernest, Versteck, Zufluchtsort

Standhaftigkeit

standhaftes Wesen, Verhalten

Ausdauer, Beharrlichkeit, Beharrungsvermögen, Durchhaltevermögen, Festigkeit, Hartnäckigkeit, Konsequenz, Standfestigkeit, Stehvermögen, Unbeirrbarkeit, Unbeirrtheit, Unerschütterlichkeit, Unnachgiebigkeit, Verbissenheit, Willensstärke, Zähigkeit

standhaft

(bes. gegen Anfeindungen, Versuchungen o. Ä.) fest zu seinem Entschluss stehend; in gefährdeter Lage nicht nachgebend; beharrlich im Handeln, Erdulden o. Ä.

Gerechtigkeit

das Gerechtsein; Prinzip eines staatlichen od. gesellschaftlichen Verhaltens, das jedem gleichermaßen sein Recht gewährt

Fairness, Objektivität, Unbestechlichkeit, Unparteilichkeit, Unvoreingenommenheit, Vorurteilslosigkeit

Mäßigung

auf ein geringeres, das rechte Maß herabmindern; geringer werden lassen, abschwächen; mildern, dämpfen, zügeln

Abmilderung, Abschwächung, Dämpfung, Drosselung, Einschränkung, Herabminderung, Herabsetzung, Milderung, Reduzierung, Schmälerung, Senkung, Verkleinerung, Verlangsamung, Verminderung, Verringerung, Zurücknahme, Bändigung, Beherrschung, Bezähmung, Bezwingung, Meisterung, Zügelung, Zurückhaltung

IV. Literatur

Ahrens, Rupert/Scherer, Helmut/Zerfaß, Ansgar: Integriertes Kommunikationsmanagement. Ein Handbuch für Öffentlichkeitsarbeit, Marketing, Personal- und Organisationsentwicklung. Frankfurt am Main: IMK, 1995.

Alvesson, Mats/Berg, Olof Per: Corporate Culture and Organizational Symbolism. An Overview. Berlin et al.: Walter de Gruyter, 1992.

Ansoff, Igor H.: „Strategic Issue Management", in: Strategic Management Journal. Vol. 8, 1980 (1), S. 131-148.

Augustinus, Aurelius: Die christliche Bildung (De doctrina Christiana). Stuttgart: Reclam, 2002.

Avenarius Horst: „Das Image und die PR-Praxis. Ein transatlantisches Gespräch", in: Image und PR. Kann Image Gegenstand einer Public Relations-Wissenschaft sein? Herausgegeben von Wolfgang Armbrecht und Horst Avenarius.: Westdeutscher Verlag, 1993, 18-19.

Avenarius, Horst: Public Relations. Die Grundform der gesellschaftlichen Kommunikation. 2. überarbeitete Auflage. Darmstadt: Wissenschaftliche Buchgesellschaft, 2000.

Bazil, Vazrik: „Reputation Management – die Werte aufrechterhalten", in: Kommunikationsmanagement. Strategien, Wissen, Lösungen. Herausgegeben von Bentele/Piwinger/Schönborn. Luchterhand, S. 2001 ff. 1.02, S. 1-22.

Bazil, Vazrik: „Die Rede als PR-Instrument. Immanenter und kontextualer Ansatz", in: Handbuch Kommunikationsmanagement. Strategien, Wissen, Lösungen.
Luchterhand, 2002, 5.12, S. 1-16.

Bazil, Vazrik: „Impression Management – Man ist, wofür man gilt. Fallbeispiel Earth First! und ACT UP", in: Handbuch Kommunikationsmanagement. Strategien-Wissen-Lösungen. Luchterhand, 2003, 6.08, S. 1-16.

Bazil, Vazrik: „Die Plananalyse. Eine Evaluationsmethode für Impression Management", in: Handbuch Kommunikationsmanagement. Strategien-Wissen-Lösungen. Luchterhand, 2004, 4.13, S.1-24.

Bea Xaver Franz/Haas, Jürgen: Strategisches Management. 3. Auflage. Stuttgart: Lucius & Lucius, 2001.

Bentele, Günter/Liebert, Tobias/Vogt, Michael (Hrsg.): PR für Verbände und Organisationen. Fallbeispiele aus der Praxis. Neuwied: Luchterhand, 2001.

Berger, L. Peter/Luckmann, Thomas: Die **gesellschaftliche** Konstruktuion der Wirklichkeit. Eine Theorie der Wissenssoziologie. 16. Auflage. Frankfurt am Main: Fischer, 1999.

Bergler, Reinhold: Psychologie in Wirtschaft und Gesellschaft. Defizite, Diagnosen, Orientierungshilfen. 2. Auflage. Köln: Deutscher Instituts-Verlag, 1987.

Bundesinstitut für Berufsbildung: http://www.bibb.de/de/15327.htm.

Bierbrauer, Günter: Sozialpsychologie. Stuttgart et al.: Kohlhammer, 1996.

Bierhoff, Hans W./Buck, Ernst: „Wer vertraut wem? Soziodemografische Merkmale des Vertrauens", in: Vertrauen und soziales Handeln. Facetten eines alltäglichen Phänomens. Herausgegeben von Martin K. W. Schweer. Neuwied: Luchterhand, 1997, S. 99-114.

Bierhoff, Hans W.: Einführung in die Sozialpsychologie. Weinheim: Belz et. al., 2002.

Bittl, Andreas: Vertrauen durch kommunikationsintendiertes Handeln. Eine grundlagentheoretische Diskussion in der Betriebswirtschaftslehre mit Gestaltungsempfehlungen für die Versicherungswirtschaft. Wiesbaden: Gabler, 1997.

Bleicher, Knut: Das Konzept Integriertes Management. Visionen-Missionen-Programme. 5. Auflage. Frankfurt am Main: Campus, 1999.

Bleicher, Knut: „Vertrauen als kritischer Faktor", in: Unternehmerischen Wandel erfolgreich bewältigen. Change Management als Herausforderung. Herausgegeben von Günter Müller-Stewens/Spickers. St. Galler Executive Forum, 1995, S. 207-220.

Bromely, Dennis B.: „Reputation, Image and Impression Management. Chichester et. al.: John Wiley & Sons, 1993.

Brown, B./Perry, S.: "Removing the financial performance halo from Fortune's ‚Most Admired' companies", in: Academy of Management Journal, 1994 (37), S. 1347-1359.

Bühler, Karl: Sprachtheorie: Die Darstellungsform der Sprache. Stuttgart: Fischer, 1992.

Buß, Eugen/Fink-Heuberger, Ulrike: Image Management. Wie Sie Ihr Image-Kapital erhöhen! Erfolgsregeln für das öffentliche Ansehen von Unternehmen, Parteien und Organisationen. Frankfurt am Main: FAZ, 2000.

Buß, Eugen: Das emotionale Profil der Deutschen. Bestandsaufnahme und Konsequenzen für Unternehmer, Politiker und Öffentlichkeitsarbeiter. Frankfurt am Main: FAZ, 1999.

Caspar, Franz: Beziehungen und Probleme verstehen. Eine Einführung in die Psychotherapeutische Plananalyse. 2. Auflage. Bern et al.: Hans Huber, 1996.

Caywood, L. Clarke (ed.): The Handbook of Strategic Public Relations & Integrated Communications. Boston: Mc Graw Hill, 1997.

Chase, Richard B./Sriram, Dasu: „Wie erlebt der Kunde Ihren Service? Was am ‚Dienstleisten‘ verbessert werden kann, zeigen neue Erkenntnisse der Verhaltensforschung", in: Harvard Business manager, 6/2001, S. 88-94.

Cialdini, Robert B: Influence. The Psychology of Persuasion. New York: Quill, William Morrow, 1984 (Deutsche Übersetzung: „Die Psychologie des Überzeugens. Ein Lehrbuch für alle, die ihren Mitmenschen und sich selbst auf die Schliche kommen wollen. 3. Auflage. Bern: Hans Huber, 2004").

Conradi, Walter: „Strategische Unternehmenskommunikation in multinationalen Konzernen: Das Beispiel der Siemens AG", in: Integriertes Kommunikationsmanagement. Ein Handbuch für Öffentlichkeitsarbeit, Marketing, Personal- und Organisationsentwicklung. Herausgegeben von Rupert Ahrens, Helmut Scherer und Ansgar Zerfaß. Frankfurt am Main: IMK, 1995, S. 189-205.

Cordeiro, James/Schwalbach, Joachim: Preliminary Evidence on the Structure and determinants of Global Corporate Reputations. Forschungsbericht, 2000-4, 2000, in: www.wiwi.hu-berlin.de/impublikdl/2000-4.pdf.

Dederichs, Andrea Maria: „Vertrauen als affektive Handlungsdimension: Ein emotionssoziologischer Bericht", in: Vertrauen und soziales Handeln. Facetten eines alltäglichen Phänomens. Herausgegeben von Martin K. W. Schweer. Neuwied: Luchterhand, 1997.

Dörrbecker, Klaus/Fissenewert-Goßmann, Renée: Wie Profis PR-Konzeptionen entwickeln. Das Buch zur Konzeptionstechnik. Frankfurt am Main: IMK, 1996.

Dowling, Grahame: „Corporate super-brands: the rotes of corporate image and reputation", in: New directions in corporate strategy 2000. Garry Twite (ed.). St. Leonards, N.S.W.: Allen & Urwin, S. 64-82.

Duden: Das große Wörterbuch der deutschen Sprache in 10 Bänden. 3., völlig neu bearbeitete und erweiterte Auflage. Mannheim, Leipzig, Wien, Zürich: Dudenverlag, 1999.

Dukerisch, Janet M./Carter, Suzanne M.: „Distorted Images and Reputation Repair", in: The Expressive Organization. Linking Identity, Reputation, and the Corporate Brand. Herausgegeben von Majken Schultz, Mary Jo Hatch und Mogens Holten Larsen. Oxford: University Press, 2000, S. 97-111.

Dutton, Jane E./ Dukerich, Janet M.: „Keeping an Eye on the Mirror: Image and Identity in Organizational Adaption", in: Academy of Management Journal, Volume 34, Nr. 3, 1991, S. 517-554.

Ebert, Helmut: „Höflichkeit als Strategie der Unternehmenskultur und – kommunikation", in: Kommunikationsmanagement. Strategien, Wissen, Lösungen. Herausgegeben von Bentele/Piwinger/Schönborn. Luchterhand, 2001 ff., 2.01, S. 1-17.

Ebert, Helmut/Piwinger, Manfred: „Bausteine für ein Kommunikations- und Image-Controlling", in: Kommunikationsmanagement. Strategien, Wissen, Lösungen. Herausgegeben von Bentele/Piwinger/Schönborn. Luchterhand, 2004 ff., 4.12, S. 1-24.

Fischer-Lichte, Erika: „Theatralität und Inszenierung", in: Inszenierung von Authentizität. Herausgegeben von Erika Fischer-Lichte und Isabel Pflug. Tübingen, Basel: A. Francke, 2000, S. 11-27.

Fombrun, Charles J.: Reputation. Realizing Value from the Corporate Image. Boston: Harvard, 1996.

Forgas, Joseph P.: Soziale Interaktion und Kommunikation. Eine Einführung in die Sozialpsychologie. 4. Auflage. Weinheim: Beltz, 1999.

Fröhlich, Gerhard: „Kapital, Habitus, Feld, Symbol. Grundbegriffe der Kulturtheorie bei Pierre Bourdieu", in: Das symbolische Kapital der Lebensstile. Zur Kultursoziologie der Moderne nach Pierre Bourdieu. Herausgegeben von Ingo Mörth und Gerhard Fröhlich. Frankfurt et al.: Campus, 1994, S. 31-54.

Gaede, Werner: „Kreative Werbung hat System: Das Prinzip ABWeichung", in: Werbung. Strategien und Konzepte für die Zukunft. Herausgegeben von Axel Mattenklott und Alexander Schimansky. München: Franz Vahlen, 2002, S. 196-213.

Giacalone, Robert A./Rosenfeld, Paul (ed): Applied Impression Management. How Image-Making Affects Managerial Decisions. London: Sage, 1991.

Goffman, Erving: The Presentation of Self in Everyday Life. New York: Doubledy & Company, 1959.

Graham, John D.: „Making the CEO the Chief Communications Officer: Counceling Senior Management", in: The Handbook of Strategic Public Relations & Integrated Communications. Clarke L. Caywood (Editor). Boston: Mc Graw Hill, 1997, S. 274-286.

Grice, Paul H.: „Logik und Gesprächsanalyse", in: Kussmaul, Paul: Sprechakttheorie. Ein Reader. Wiesbaden: Athenaion, 1980.

Grunert, K.: „Subjektive Produktbedeutung: auf dem Weg zu einem integrativen Ansatz in der Konsumforschung", in: Konsumentenforschung. Herausgegeben von Forschungsgruppe Konsum und Verhalten. München, 1994, S. 215-226.

Grunig, James E.: „On the Effects of Marketing, Media Relations, and Public Relations: Images, Agendas, and Relationships", in: PR und Image, Herausgegeben von Wolfgang Armbrecht und Horst Avenarius. Opladen: Westdeutscher Verlag, 1993, S. 263-295.

Grunig, James E./Hunt, Todd: Managing Public Relations. Chicago (et al.): Holt, Rinehart and Winston, 1984.

Grunwald, Wolfgang: „Das Prinzip Wechselseitigkeit: Fundament aller Sozialen- und Arbeitsbeziehungen", in: Vertrauen und soziales Handeln. Facetten eines alltäglichen Phänomens. Herausgegeben von Martin K. W. Schweer. Neuwied: Neuwied, 1997, S. 207-218.

Hejl, Peter M.: „Politik, Pluralismus und gesellschaftliche Selbstregelung", in:. Politische Steuerung: Steuerbarkeit und Steuerungsfähigkeit; Beiträge zur Grundlagendiskussion. Herausgegeben von Heinrich Bußhoff. Baden-Baden: Nomos, 1992, S. 107-142.

Hejl, Peter M.: „Konstruktion der sozialen Konstruktion: Grundlinien einer konstruktivistischen Sozialtheorie", in: Der Diskurs des Radikalen Konstruktivismus. Herausgegeben von Siegfried J. Schmidt. 7. Auflage. Frankfurt am Main: Suhrkamp, 1996, S. 303-339.

Hinterhuber, Hans H./Stahl, Heinz K.: Die Unternehmung als Deutungsgemeinschaft, in: Technologie & Management, Band 45, Heft 1, 1996, S. 8-12.

Hinterhuber, Hans H./Stahl, Heinz K.: „Unternehmensnetzwerke und Kernkompetenzen", in: Management von Unternehmensnetzwerken: interorganisationale Konzepte und praktische Umsetzung. Herausgegeben von Klaus Bellmann et al. Wiesbaden: Gabler, 1996, S. 87-117.

Hömberg, Walter/Schmolke, Michael (Hrsg.): Zeit, Raum, Kommunikation. München: Ölschläger, 1992.

Informationsdienst Wissenschaft (idw): Das Firmenimage von heute ist der Umsatz von morgen. 6. Mai 2004.

Jung, Holger/von Matt, Jean-Remy: MOMENTUM. Die Kraft, die Werbung heute braucht. Berlin: Lardon Media, 2002.

Keller, Rudi: Die Sprache des Geschäftsberichts, in: http://www.phil-fak.uni-duesseldorf.de/rudi.keller/index.php?publikationen.php&1.

Kirsch, Werner: Strategisches Management: Die geplante Evolution von Unternehmen. München, 1997.

Klee, Alexander: Strategisches Beziehungsmanagement. Ein integrativer Ansatz zur strategischen Planung und Implementierung des Beziehungsmanagement. Aachen: Shaker, 2000.

Klee, Alexander/Stahl, Heinz K.: „Die Verankerung der Außenorientierung im normativen Management der Unternehmung", in: Fallen die Unternehmensgrenzen? Beiträge zur Außenorientierung der Unternehmensführung. Herausgegeben von Hans H. Hinterhuber und Heinz K. Stahl. Renningen: expertverlag, 2001, S. 41-56.

Klein, Josef: „Kann man ,Begriffe besetzen? Zur linguistischen Differenzierung einer plakativen politischen Metapher", in: Begriffe besetzen. Strategien des Sprachgebrauchs in der Politik. Herausgegeben von Frank Liedtke/Martin Wengeler/Karin Böke. Westdeutscher Verlag, 1991, S. 44-69.

Kleist, Heinrich von: „Über die allmähliche Verfertigung der Gedanken beim Reden", in: Sämtliche Werke. München: Winkler Verlag, 1982, S. 880-884.

Kückelhaus, Andrea: Public Relations: Die Konstruktion von Wirklichkeit. Kommunikationstheoretische Annäherungen an ein neuzeitliches Phänomen. Opladen/Wiesbaden: Westdeutscher Verlag, 1998.

Lay, Rupert: Manipulation durch die Sprache. Rhetorik, Dialektik und Forensik in Industrie, Politik und Verwaltung. 4. Auflage. Berlin et al.: Ullstein, 1995.

Liedtke, Frank/Wengeler, Martin/Böke, Karin (Hrsg.): Begriffe Besetzen. Strategien des Sprachgebrauchs in der Politik. Opladen: Westdeutscher Verlag, 1991.

Luhmann, Niklas: Vertrauen. Ein Mechanismus der Reduktion sozialer Komplexität. 4. Auflage. Stuttgart: Lucius & Lucius, 2000.

Maturna, Humberto R.: „Kognition", in: Der Diskurs des Radikalen Konstruktivismus. Herausgegeben von Siegfried J. Schmidt. 7. Auflage. Frankfurt am Main: Suhrkamp, 1996, S. 89-118.

Mavridis, Thomas: Mehr als Event-Management und Theater. Politische Kommunikation in Deutschland: Hintergründe und Trends, in: PR-Guide Mai 2000.

Merten, Klaus/Schmidt, Siegfried J./Weischenberg, Siegfried (Hrsg.): Die Wirklichkeit der Medien. Eine Einführung in die Kommunikationswissenschaft. Opladen: Westdeutscher Verlag, 1994.

Merten, Klaus: Einführung in die Kommunikationswissenschaft. Bd 1/1: Grundlagen der Kommunikationswissenschaft. Münster: LIT, 1999.

Merten, Klaus: Das Handwörterbuch der PR A-Q/R-Z. 2 Bde. Frankfurt am Main: F.A.Z. Institut für Management, 2000.

Müller, Günter F.: „Vertrauensbildung durch faire Entscheidungsverfahren in Organisationen", in: Vertrauen und soziales Handeln. Facetten eines alltäglichen Phänomens. Herausgegeben von Martin K. W. Schweer. Neuwied: Neuwied, 1997, S. 189-206.

Müller, Jens: Diversifikation und Reputation. Transferprozesse und Wettbewerbswirkungen. Wiesbaden: Gabler, 1996.

Müller-Stewens, Günter/Lechner, Christoph/Stahl, Heinz K.: „Zur Bedeutung von Beziehungen und der Menschen", in: Fallen die Unternehmensgrenzen? Beiträge zur Außenorientierung der Unternehmensführung. Herausgegeben von Hans H. Hinterhuber und Heinz K. Stahl. Renningen: expertverlag, 2001, S. 270-291.

Mummendey, Hans Dieter: Psychologie der Selbstdarstellung. 2. Auflage. Göttingen, 1995.

Mummendey, Hans Dieter: Selbstdarstellungstheorie – ein Überblick. Bielefelder Arbeiten zur Sozialpsychologie. Nr. 191. Bielefeld, 1999.

Niesel, Manfred: „Über den Nutzen psychographischer Zielgruppenmodelle", in: Werbung. Strategien und Konzepte für die Zukunft. Herausgegeben von Axel Mattenklott und Alexander Schimansky. München: Franz Vahlen, 2002, S. 334-357.

Neuberger, Oswald: „Führung (ist) symbolisiert. Plädoyer für eine sinnvolle Führungsforschung", in: Führung im Wandel. Neue Perspektiven für Führungsforschung und Führungspraxis. Herausgegeben von Gerd Wiedieck und Günter Wiswede. Stuttgart: Ferdinand Enke, 1990, S. 90-129.

Perelman, Chaim: Das Reich der Rhetorik. Rhetorik und Argumentation. München: Beck, 1980.

Petras, André/Samland, Wolfgang: „Soziodemografie und Psychografie. Der ganzheitliche Blick auf die Zielgruppe", in: planung & analyse 4/2001, S. 22-27.

Piwinger, Manfred: „Wertsteigerung durch **Kommunikation**. Kommunikation wird zunehmend als Werttreiber erkannt – Auswirkungen auf das Branchenbild", in: Public Relations Forum, 3/2001, S. 131-133.

Piwinger, Manfred/Ebert, Helmut: „Impression Management – Wie aus Niemand Jemand wird", in: Kommunikationsmanagement. Strategien, Wissen, Lösungen. Herausgegeben von Bentele/Piwinger/Schönborn. Luchterhand, 2001 ff., 1.06, 1-36.

Piwinger, Manfred/Ebert, Helmut: „Schlechte Noten für DAX-Unternehmen — Aktionärsbriefe im Geschäftsbericht verschenken Vertrauensgewinne", in: www.piwinger.de, 2001.

Piwinger, Manfred/Niehüser, Wolfgang: „Formen symbolischer Kommunikation – ihre wichtige Rolle im Verständigungsprozess", in: Stimmungen, Skandale, Vorurteile. Formen symbolischer und emotionaler Kommunikation. Wie PR-Praktiker sie verstehen und steuern können. Herausgegeben von Manfred Piwinger. Frankfurt am Main IMK, 1997, S. 16-42.

Piwinger, Manfred/Niehüser, Wolfgang: „‚Was geht nur in den Köpfen der Leute vor?' Über die Bedeutung des ersten Eindrucks und die Rolle von Vorurteilen", in: Stimmungen, Skandale, Vorurteile. Formen symbolischer und emotionaler Kommunikation. Wie PR-Praktiker sie verstehen und steuern können. Herausgegeben von Manfred Piwinger. Frankfurt am Main, IMK: 1997, S. 202-221.

Pörksen, Uwe: Die Politische Zunge. Eine kurze Kritik der öffentlichen Rede. Stuttgart: Klett-Cotta, 2002.

Pörksen, Uwe: Was ist eine gute Regierungserklärung. Grundriss einer politischen Poetik. Bonn: Wallstein Verlag, 2004.

Posner, Eberhard/Posner-Landsch, Marlene: „Unternehmenskommunikation", in: Qualität durch Kommunikation sichern. Vom Qualitätsmanagement zur Qualitätskultur. Erfahrungsberichte aus Industrie, Dienstleistung und Medienwirtschaft. Herausgegeben von Barbara Held und Stephan Russ-Mohl. Frankfurt am Main: F.A.Z.-Institut, 2000, S. 291-302.

Poss, Stefan: Dramaturgische Unternehmens-Analyse am Beispiel der deutschen Banken – Grundlagen, Theorie und empirische Untersuchung. Marburg: Tectum, 1999.

Rehker, Dietmar: Mediaanalyse und Mediaplanung. BAW-Vortragsmanuskript. München, 1996.

Riel, van Cees B. M.: Principles of Corporate Communication. London et al.: Prentice Hall, 1995.

Ripperberger, Tanja: Ökonomik des Vertrauens. Analyse eines Organisationsprinzips. Tübingen: Mohr Siebeck, 1998.

Roman, Kenneth/Raphaelson, Joel: Writing that works. How to improve your memos, letters, reports, speeches, resumes, plans, and other business papers. New York: Harper Paperbacks, 1992.

Russ, Gail S.: „Symbolic Communication and Image Management in Organizations", in: Applied Impression Management. How Image-Making Affects Managerial Decisions. Giacalone, Robert A., Paul Rosenfeld (editors). London: Sage, 1991, S. 219-239.

Schmidt, Siegfried J.: „Der Radikale Konstruktivismus: Ein neues Paradigma im interdisziplinären Diskurs", in: Der Diskurs des Radikalen Konstruktivismus. Herausgegeben von Siegfried J. Schmidt. 7. Auflage. Frankfurt am Main: Suhrkamp, 1996, 11-88.

Schmitz, H. Walter: „Kommunikation: Ausdruck oder Eindruck?", in: Der Deutschunterricht 4, 1994, S. 9-19.

Schnabel, Ulrich/Senkter, Andreas: Wie kommt die Welt in den Kopf? Reise durch die Werkstätten der Bewusstseinsforscher. 4. Auflage. Hamburg: Rowohlt, 2000.

Schütz, Astrid: Selbstdarstellung von Politikern. Analyse von Wahlkampfauftritten. Weinheim: Deutscher Studien Verlag, 1992.

Schultz, Majken/Hatch, Mary Jo/Larsen, Mogens Holten (ed.): The Expressive Organization. Linking Identity, Reputation, and the Corporate Brand. Oxford: University Press, 2000.

Schulz von Thun, Friedmann/Ruppe, Johannes/Stratmann, Roswitha: Miteinander Reden: Kommunikationspsychologie für Führungskräfte. Hamburg: Rowohlt, 2001.

Schwalbach, Joachim/Dunbar, Roger L. M.: Corporate Reputation and Performance in Germany. Humbold-Universität zu Berlin, Forschungsbericht Nr. 2000-1, in: www.wiwi.hu-berlin.de/im/publikdl/00-1.pdf.

Schwalbach, Joachim: Image, Reputation und Unternehmenswert. Humbold-Universität zu Berlin, Forschungsbericht 2000-2, in: www.wiwi.hu-berlin.de/im/publikdl/2000-2.pdf.

Schwalbach, Joachim: Unternehmensreputation als Erfolgsfaktor. Humbold-Universität zu Berlin, Forschungsbericht 2001-4, in: www.wiwi.hu-berlin.de/im/publikdl/HBM_Abb2.pdf. 2001.

Schweer, Martin K. W.: Vertrauen und soziales Handeln. Facetten eines alltäglichen Phänomens. Neuwied et al.: Luchterhand, 1997.

Searl, John R.: Sprechakte. Ein sprachphilosophischer Essay. Frankfurt a.M.: Suhrkamp, 1971.

Simon, Fritz B.: „Außenorientierung heißt immer auch Komplexitätsbewältigung. Über Persönlichkeitstypen und psychische Mechanismen", in: Fallen die Unternehmensgrenzen? Beiträge zur Außenorientierung der Unternehmensführung. Herausgegeben von Hans H. Hinterhuber und Heinz K. Stahl. Renningen: expertverlag, 2001, S. 325-338.

Soeffner, Hans-Georg: „Zur Soziologie des Symbols und des Rituals", in: Das Symbol – Brücke des Verstehens. Herausgegeben von Oelkers, Jürgen/ Klaus Wegenast. Stuttgart: Kohlhammer, 1991, S. 63-81.

Stahl, K. Heinz: Zero-Migration. Ein kundenorientiertes Konzept der strategischen Unternehmensführung. Wiesbaden: Gabler, 1996.

Stahl, K. Heinz: „Zum Aufbau und Erhalt von Reputationskapital in Stakeholder-Beziehungen", in: Perspektiven im Strategischen Management. Herausgegeben von Gernot Handlbauer, Kurt Matzler, Elmar Sauerwwein, Monika Stumpf. Berlin: Walter de Gruyter, 1998, 351-369.

Stahl, K. Heinz: „Reputation als besondere Ressource der diversifizierten Unternehmung". Die Zukunft der diversifizierten Unternehmung. Herausgegeben von Hans H. Hinterhuber. München: Vahlen, 2000, S. 147-166.

Stahl, K. Heinz/Hinterhuber H. Hans: „Strategische Unternehmensführung: Von der „vorweggenommenen" zur „erfundenen" Zukunft", in: Management und Wirklichkeit. Das Konstruieren von Unternehmen, Märkten und Zukünften. Herausgegeben von Peter M. Hejl und Heinz K. Stahl. Heidelberg: Carl-Auer-Systeme, 2000, S. 407-427.

Stahl, Heinz K.: „Balanceakte im Neuen Strategischen Management: Vom ‚Entweder-Oder' zum ‚Sowohl-Als-auch'", in: Das Neue strategische Management. Perspektiven und Elemente einer zeitgemäßen Unternehmensführung. Herausgegeben von Hans H. Hinterhuber, Stephan A. Friedrich, Ayad Al-Ani und Gernot Handlbauer.2., vollständig überarbeitete und aktualisierte Auflage, Wiesbaden: Gabler, 2000, S. 361-381.

Stahl, Heinz K./Hejl, Peter M.: „Dynamische Unternehmensführung. Grenzen und Möglichkeiten der Handhabung von Zeit aus einer systemtheoretischen Perspektive", in: Management und Wirklichkeit. Das Konstruieren von Unternehmen, Märkten und Zukünften. Herausgegeben von Heinz K. Stahl und Peter M. Hejl. Heidelberg, 2000.

Stahl, Heinz K.: „Vertrauen, Misstrauen und das Verschwimmen der Unternehmensgrenzen durch Vernetzung – Ein fiktiver Dialog", in: Fallen die Unternehmensgrenzen? Beiträge zur Außenorientierung der Unternehmensführung. Herausgegeben von Hans H. Hinterhuber und Heinz K. Stahl. Renningen: expertverlag, 2001, S. 312-324.

Stahl, Heinz K./ Klee, Alexander: „Die Realisierung einer außenorientierten Reputationspolitik", in: Fallen die Unternehmensgrenzen? Beiträge zur Außenorientierung der Unternehmensführung. Herausgegeben von Hans H. Hinterhuber und Heinz K. Stahl. Renningen: Expertverlag, 2001, S. 18-40.

Sydow, Jörg/Windeler, Arnold: Management interorganisationaler Beziehungen. Vertrauen, Kontrolle und Informationstechnik. Opladen: Westdeutscher Verlag, 1994.

Thommen, Jean-Paul: Glaubwürdigkeit. Die Grundlage unternehmerischen Denkens und Handelns. Zürich: Versus, 1996.

Throta von, Thilo: Reden professionell vorbereiten. Düsseldorf: Metropolitan, 1996.

Tedeschi, James T.: Impression Management. Theory and Social Psychological Research. New York et al.: Academic Press, 1981.

Ueding, Gerd/Steinbrink, Bernd: Grundriss der Rhetorik. Geschichte. Technik.Methode. 3. Auflage. Stuttgart: Verlag J. B. Metzler, 1994.

Voswinkel, Stephan: Anerkennung und Reputation. Die Dramaturgie industrieller Beziehungen mit einer Fallstudie zum „Bündnis für Arbeit". Konstanz: UVK, 2001.

Weick, K. E.: The Social Psychology of Organizations. Reading, MA (Addison-Wesley).

Wiedmann, Klaus-Peter: Grundkonzept und Gestaltungsprinzipien der Corporate Identity-Strategie. Arbeitspapier Nr. 95. Institut für Marketing. Universität Mannheim, 1992.

Willems, Herbert: Rahmen uns Habitus. Zum theoretischen und methodischen ansatz Erving Goffmans: Vergleiche, Anschlüsse und Anwendungen. Frankfurt am Main: Suhrkamp, 1997.

Willems, Herbert: "Glaubwürdigkeit und Überzeugung als dramaturgische Problöeme und Aufgaben der Werbung", in: Inszenierung von Authentizität. Herausgegeben von Erika Fischer-Lichte und Isabel Pflug. Tübingen, Basel: A. Francke, 2000, S. 209-232.

Wimmer, Rudolf: „Vorausschauende Selbsterneuerung – Wie sich Organisationen mit lebenswichtigen Irritationen versorgen", in: Fallen die Unternehmensgrenzen? Beiträge zur Außenorientierung der Unternehmensführung. Herausgegeben von Hans H. Hinterhuber und Heinz K. Stahl. Renningen: expertverlag, 2001, S.254-269.

Kommunikation, CI und Präsentation

CI in Verhalten und Kommunikation
– Mit Praxistipps und Fallbeispielen

In einem praxisorientierten Gesamtkonzept zeigt der Autor, wie CI entwickelt und umgesetzt werden kann, um konsequente Kundenorientierung, hohe Produktqualität und klares Unternehmensprofil zu erreichen - von Mitarbeiter- und Gesprächsführung über Marketing und PR bis hin zur äußeren Gestalt.

Gerhard Regenthal
**Ganzheitliche
Corporate Identity**
Form, Verhalten und Kommunikation erfolgreich steuern.
2003. 270 S. Hc. EUR 37,90
ISBN 3-409-12079-3

Professionelle Vorbereitung
auf den Medienauftritt

Das Buch bietet mit vielen Beispielen, Checklisten, Empfehlungen und Übungen alles, um sich optimal auf einen Medienauftritt vorzubereiten. Auch typische Situationen für börsennotierte Unternehmen (Stichwort: Investor Relations) werden behandelt.

Alexander Kirchner/
Raimund Brichta
**Medientraining
für Manager**
In der Öffentlichkeit überzeugen – Investor Relations und Public Relations optimieren
2002. 224 S. Hc. EUR 41,90
ISBN 3-409-11679-6

Eine neue Dimension für
multimediale Präsentationen

Das Buch beschreibt eine praxiserprobte Vorgehensweise zur Erstellung professioneller Präsentationen und zeigt auf, worauf es ankommt. Ein besonderes Kapitel widmet sich Innovationen, insbesondere aus den Bereichen Referentenunterstützung, Special Effects und Folienmanagement. Ein Highlight sind 3D-Stereopräsentationen unter Microsoft Power-Point und weitere Mustervorlagen auf der beiliegenden CD-ROM

Matthias Garten
**Best Business
Presentations**
Expertenwissen zu Multimediapräsentationen für professionelle Vorträge – mit Musterpräsentationen auf CD
2004. 212 S. Hc. EUR 44,90
ISBN 3-409-12566-3

Änderungen vorbehalten. Stand: April 2005.
Erhältlich im Buchhandel oder beim Verlag.

Gabler Verlag · Abraham-Lincoln-Str. 46 · 65189 Wiesbaden · www.gabler.de

Praxiswissen Unternehmenskommunikation

Exzellente Ergebnisse erzielen
– durch effektive Kommunikation

„Communicate or Die" zeigt Ihnen, wie Sie Mitarbeiter zu Höchstleistungen anspornen und unzufriedene Kunden verhindern – durch effektive Kommunikation. Mit vielen anschaulichen Beispielen und einer Fülle unmittelbar anwendbarer Tipps.

Thomas D. Zweifel
Communicate or Die
Mit effektiver Kommunikation außergewöhnliche Ergebnisse erzielen
2004. 164 S. Hc. EUR 36,90
ISBN 3-409-12634-1

Das Standardwerk der
Investor Relations!

Das Standardwerk der Investor Relations mit namhaften Herausgebern und Autoren aus Deutschland, UK und der Schweiz. Praxisnah und mit Hilfe verschiedener Fallbeispiele wird gezeigt, wie Investor Relations funktioniert - und zwar vor, während und nach dem Börsengang.

Manfred Piwinger/
Klaus Rainer Kirchhoff (Hrsg.)
Praxishandbuch
Investor Relations
2005. 488 S. Hc. EUR 69,90
ISBN 3-409-11901-9

Mitarbeiter motivieren durch
Informieren im Corporate Change!

Die Bedeutung der internen Kommunikation in Veränderungsprozessen wird zunehmend erkannt. Die Auswirkungen auf die Praxis der internen Kommunikation sind jedoch oft unklar. Dieses Buch zeigt, wie man den Herausforderungen eines durch permanenten Wandel geprägten Unternehmensaltags gerecht wird. Mit vielen Fallbeispielen, u.a. Aventis, DaimlerChrysler, Deutsche Bahn, Deutsche Bank 24. TUI.

Egbert Deekeling
Kommunikation im
Corporate Change
Maßstäbe für eine neue Managementpraxis
2003. 267 S. Hc. EUR 39,90
ISBN 3-409-2 9321-3

Änderungen vorbehalten. Stand: April 2005.
Erhältlich im Buchhandel oder beim Verlag.

Gabler Verlag · Abraham-Lincoln-Str. 46 · 65189 Wiesbaden · www.gabler.de

GABLER